여보,
나와 살아줘서
고마워

나의 소중한 당신
_____에게
드립니다.

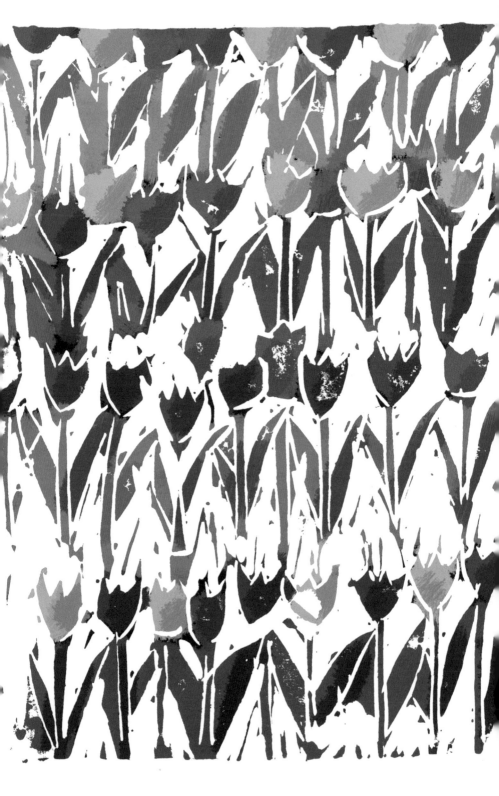

여보,
나와 살아줘서
고마워

글 · 그림 김지연

마음세상

바로 눈 앞의 행복을
찾아드립니다

인생의 가장 아름다울 때, 가슴 설레는 출발을 하는 결혼!

쉽지 않은 연애 시절을 지나 결혼에 골인했지만, 살아보니 과연 잘한 건지 어쩐건지 때로 헷갈릴 때도 있을 것이다. 꼭 배우자뿐만이 아니라 타인과 함께 한다는 것은 의외로 힘들고 어려운 점이 많다.

혼자가 된다는 것을 본능적으로 경계해서 누군가와 함께 해야 한다고 생각하기 쉽지만, 둘이 있을 때도 혼자인 것에 능숙하고, 또 혼자일 때도 유연하게 지낼 수 있는 것이 타인과 함께 함에 있어서는 좋은 작용을 한다.

살아가면서 때때로 결혼을 후회하기도 할 것이고, 싱글이었던 예전이 그립기도 할 것이고 다른 사람들이 삶이 더 나아보이기도 할 것이다. 농담스레 이미 결혼한 기혼자들이 설레발을 치며 결혼을 말리는 일은 참 흔하다.

결혼생활이란 불행하다고 생각하면 불행한 것이고, 행복하다고 생각하면 행복한 것이다.

진짜 불행한 것보다도 더 삶을 좌우하는 것은 내가 스스로 불행하다고 생각하는 것이고 진짜 행복한 것보다도 내 삶에 가장 강력한 영향을 미치는 것은 나 스스로 행복하다고 생각하는 것에 있다. 어떻게 생각하느냐가 그만큼 중요한 것이다.

배우자도 마찬가지다. 단점만 보면 끝도 없이 그것만 보일 것이고 장점만 보면 그것만 보일 것이다. 그 사람은 내가 보이는 만큼 존재하고 내가 보는 만큼 내 인생에서 영향력을 떨치며 내가 발견한 만큼 나에게 의미가 될 것이다.

이 책이 부디 당신이 잊고 살았던 소중한 것들의 의미를 다시금 일깨워주길 바라며, 이 책을 선택해준 소중한 독자님들께 감사의 말씀을 전한다.

01
꼭 당신이어야 하는 이유

02
누구보다도 먼저 그대를 지켜줄 순간

03
아무리 힘들어도
당신의 손을 놓지 않아야 하는 이유

여보, 당신에게 고마워.
다른 이유는 없어.
그냥 나랑 살아줘서.
내 옆에 있어주는 당신이라서
고마워.

01

꼭 당신이어야 하는 이유

그냥 당신이라서 좋아

결혼해서 살다 보면 참아야 할 순간들이 참 많다. 참는다는 것은, 상황이 마음에 들지 않지만 그렇다고 이길 수도 없고, 내 뜻대로 할 수도 없을 때 선택하게 되는 행동 패턴이다. 즉, 상대가 내 마음대로 움직여주지 않기 때문이기도 하다. 하지만 나는 배우자와 잘 지내야 하고, 불화를 피하기 위해서는 억지로라도 참고 살 수밖에 없는 것이다.

　자기 할 말을 똑부러지게 다 하고 살면 좋지만, 그 결과가 늘 좋지만은 않기 때문에 일일이 대화로 풀 수가 없을 때가 있다. 차라리 입을 다무는 편이 결과적으로 더 좋을 때가 많다. 그래서 이기적이게도 자기 말만 앞세우면서 상대방이 묵묵히 따라와 주기만을 바라는 이들이 참 많다.

　참으면 과연 복이 온다. 하지만 참는 것도 버릇이 되면, 대화의 단절로 이어진다. 점점 속을 숨기게 되고, 서로에서 관해서 알지 못하는 것들이 생긴다. 불화를 피하기 위해서 그때그때 상황에 맞춰서 말하게 되고 그러다 보면 점점 진정성과는 거리가 멀어진다. 말로는 진짜 의도하고자 하는 바를 표현할 수 없으니 점점 대화가 겉돌다가 끊어지고 인내심이 주는 한계와 스트레스에 시달리게 된다.

　살면서 마음에 안 들고, 상처받는 일이 있어도 "아이의 엄마니까." "아이의 아빠니까." 생각하면서 참는다. 헤어지면 감당해야할 리스크가 너무 커서 어쩔 수 없다. 그렇게 점점 사랑했던 한 사람으로서의 의미는 사라진다. 그 사람 자체의 의미보다도 내 삶의 균형,

그 사람이 가진 재력이나 능력만이 그 사람을 가치로 대신한다. 즉, 내게 필요한 것들 위주로만 생각하게 된다.

누구나 한번쯤 어느 날 내가 아파서 앓아눕기라도 하면 배우자가 혹시라도 내 곁을 떠나버릴까봐 걱정을 한다. 내가 그 사람에게 도움이 되지 못하니 그 사람을 놓아주기보다, 내가 불리한 상황에서 혹시 내가 버려질까봐 걱정을 한다. 내가 필요할 때를 위해서 지금 힘들고 귀찮아도 함께 있는 것을 감수한다고 생각하기도 한다. 하지만 정작 아파서 자리에 눕기라도 하면 어떤 결과가 벌어질 때는 대개 그때 가봐야 안다.

반대로 어느 날 내가 복권에 당첨이 되면 어떻게 하면 배우자와 헤어져서 나 혼자 잘 먹고 잘 살고 내가 하고 싶은 걸 하면서 살지 고민하게 될 것이다. 내가 부자가 되었으니 배우자의 소원을 들어주기는커녕 그때는 오직 나만을 생각하게 된다.

단순한 예이긴 하지만, 이러한 행동 패턴도 오랜 참을성의 한계 때문에 벌어진다. 항상 참고 살아왔기 때문에 어떤 기회나 생의 전환점이 오면 뿌리부터 흔들린다.

누군가에게 헌신한다는 것도 그 사람에 대한 어떤 기대 없이는 불가능하다. 누군가의 기대 속에서 살아가는 사람은 자신의 목적을 이루면 더 큰 꿈을 이루기 위한 야심을 보인다.

혹시 나의 배우자는 내가 좋아서가 아니라 아이 엄마라서, 아이 아빠라서 함께 살고 있지 않은가. 그 사람은 혹시 나로 인해서 매일매일 참고 살고 있지 않은가. 진정 사랑하는 사람이라면 그 사람이 참고 살도록 내버려두지 않아야 한다.

배우자가 더 이상 참지 않고도 마음 편히 살 수 있다면, 그럼 당신은 누구의 아빠, 엄마이기 때문에 배우자가 곁에 있는 것이 아니라 정말 나 자신이라서, 세상에 하나뿐인 나 자신이라서 함께 있는 것이다.

어느 한 사람이
눈치를 보지 않고
편하게 산다면
다른 한 사람은
마음 졸이며
감정을 억누르며
참고 살아야 한다.

부부는 서로 행복해지는 것이다.

나의 행복을 위한다면
배우자의 행복을 먼저 찾아줘야 한다.

무조건 지켜줄 것

가족 간에 돌이킬 수 없는 문제를 일으킬 때는 그 사람을 지켜주지 못했을 때다. 나는 시기적으로 힘이 없고 연약한 입장인데 부모나 혹은 남편이 나를 지켜주지 않고 오히려 나에게 상처를 주었다면 앞으로 함께 살아가는데 큰 문제가 된다. 성장한 후에도 가족관계에서 영원한 미해결 문제로 남는다.

폭력적인 아버지 슬하에서 어린 시절을 보낸 아이라도, 엄마가 끝까지 막아주고 아이를 지켜주면 아이는 올곧게 자라난다. 하지만 엄마가 자기만 살겠다고 도망치거나 자기가 맞지 않기 위해서 아이가 맞게끔 유도했다면 아이는 유년 시절에 엄청난 분노를 갖게 되고 때린 아버지보다 도망친 어머니를 더 미워하게 된다.

형제간에도 어떤 문제가 있을 때 피해를 입는 쪽이 부모가 남의 이목을 생각해서 일을 해결해주지 않고 오히려 쉬쉬하면서 외면한다면, 직접적으로 위해를 끼친 가해자보다도 모르는 척을 한 부모를 더 미워한다. 형이 동생을 엄청나게 때리는데, 형이 대외적으로는 모범생이라 혹시라도 흠이 될까 걱정하여 부모는 동생의 입을 막는다. 동생이 얼마나 아픈지, 잘못된 것은 더욱 심각해져 가지만 부모는 중재하지 않는다. 이에 따라 동생의 분노는 걷잡을 수 없어지고, 나중에는 부모가 감당하지 못할 수준이 된다.

친구들에게 따돌림과 학교 폭력을 당했는데도 아이를 위로해주고 가해 학생들에 대한 적극적인 대처를 하기는 커녕, 바보같이 왜 맞고 다니냐고 나무라기만 하고 방치한다면 아이는 자신의 상처가 낫지 못하도록 가두고 시간이 지날수록 부모를 증오한다.

고된 시집살이 속에서 병들어가면서도 남편은 ㄱ서 자기 부모만 좋다고 효자 노릇만 하고 아내의 노고를 모르는 척한다면, 아내는 남편이 가장 싫어진다. 심지어 어떤 남편들은 자기 아내를 홀대하는 것 자체를 어떤 효도라고 생각하기도 하다. 아내의 입장에서는 그 미움이 쌓이고 또 쌓이면 죽어도 눈물도 안 나올 정도가 된다.

"나를 지켜주지 않았어."
"내가 상처를 받는 것을 모르는 척 했어."
"나를 버리고 갔어."

이런 생각이 드는 순간 엄청난 분노가 생기고 용서가 되지 않는다. 지켜주지 못한 관계에서 함께 하면 서로 미워하고 내가 아팠던 만큼, 되돌려주고 싶어진다.

때로는 그 분노가 상대방이 견디지 못할 정도가 되어도 그 미움은 내가 받았던 상처와 비교했을 때 늘 부족하게 느껴진다. 사회적으로도 피해를 입은 사람들의 거친 분노만 문제로 지적이 되어서 근본적인 문제는 잘 해결되지 않는다.

누군가는 묻는다. 강에 어머니가 빠지고 아내가 빠진다면, 누구를 먼저 구할 것인가. 아무래도 먼저 구하는 사람이 생존 확률이 높고 구조자 입장에서는 더 소중한 사람이다. 한번 생각해보자. 바다에 첫째 아이가 빠지고 둘째 아이가 빠졌다. 그럼 누구부터 구할 것인가.

어쩌면 현실은 누굴 구하는 게 문제가 아니라 물에 빠진 나 자신부터 구하자는 생각이 우선 들 것이다.

가족 중에서 힘이 없고 참아야 하고 스스로 방어 능력이 없어 보호를 필요한 사람은 무조건 지켜줘야 한다. 함께 살아가면서 상처받지 않도록 해야 하고, 상처를 받는 일이 생겼다면 잘 극복해서 후에 긍정적인 작용을 할 수 있도록 적극적으로 위로를 해야 한다. 그리고 "넌 내가 있으니, 걱정 마. 내가 지켜줄게." 그 사람의 신뢰를 되찾아줘야 한다.

설령 진짜로 지켜주지 못한다고 해도, 편이 되어주는 것, 나를 위해줬다는 것만으로도 살아가는데 큰 힘이 된다.

나의 도움을 필요로 하고 나의 보호를 필요로 하는 가족, 어떤 힘든 시기에서도 외면해서는 안 된다. 무조건 지켜줘야 한다.

사람은 누구나 연약했다가
강성했다가
연약해진다.
하지만 인생의 모든 것을 좌우하는 순간은
자기 자신이
가장 연약한 시절들에 겪었던 것들이다.

당신과 결혼한 이유

누구나 결혼을 하면 좋을 때도 있지만 후회를 할 때도 있다. 우리
는 대개 결혼 전에 아마 인생에서 최상의 자유와 자기만의 시간을
가졌을 것이다. 아마 그 시절에는 그것이 조금 심심하고 외롭게 느
껴지기도 했을 것이다. 그것이 겉으로 보기에는 조금 초라하다고
해도 돌이켜보면 그만큼 화려한 시기도 없었을 것이다. 결혼을 했

을 때와 안 했을 때는 그 차이가 실로 크다. 결혼하면서 현실적으로 닥치는 것들은 어쨌든 후회를 부른다. 후회를 하는 근본적인 이유는 내가 생각했던 것과 달랐기 때문이다.

만난 지 석달만에 결혼했든, 오랜 시간 연애를 해서 결혼을 했든, 오랜 짝사랑 끝에 결혼에 골인했든, 친구의 연인을 빼앗아서 결혼했든 다 마찬가지다.

그러다 보니 이럴 줄 알았으면 왜 결혼했을까, 왜 이렇게 매여서 살아야 할까, 이렇게 늙어가는 걸까 별의별 생각들을 다하게 된다. 특히 트러블이 있는데 그 해결책이 마땅하지 않을 때는 점점 더 사이가 나빠진다.

당신이 결혼을 한 이유는 분명 행복해지기 위해서였다. 결혼한 뒤에 별로 행복하지 않을 수도 있지만 지금껏 혼자라고 해서 눈부시게 행복할 리는 없다. 하지만 대부분 나는 상대방이 내 기대를 채워주기만을 바랄 뿐 정작 상대방의 기대를 채워주려는 노력은 턱없이 부족하다.

당신이 지금의 배우자와 결혼한 것은 그 사람의 덕을 보기 위해서 한 것이 아니라 그 사람을 위해서 살아가기 위해서다. 배우자는 내가 살아가는 이유가 되어야 한다. 그 사람에게는 내가 있어야 하고, 내가 돈을 벌어야 할 이유, 내가 웃어야 할 이유, 내가 가사 일이든, 직장에서 하는 일이든, 일을 하는 이유, 내가 힘이 들어도 포기할 수 없는 이유가 되어야 한다.

헌데 끊임없이 배우자로부터 일방적인 기대를 하고, 바라는 게 많아지면 계속해서 사이가 나빠지고 원망과 후회만 늘어난다. 실망이라는 것은 참으로 사람을 냉정하게 해서 상대방에게 엄청난 상처와 고통을 주고도 자기 자신을 돌아보지 못하게 한다.

특히 후회하는 것을 대놓고 티를 내고, 배우자를 하찮게 여긴다면 그 사람도 당신에게 정을 떼고 큰 의미를 두지 않을 것이며 자신만의 새로운 계획표를 세울 것이다. 심지어 새로운 대상을 찾으려고 할 수도 있다. 그렇게 당신은 통째로 당신의 인생을 날리는 셈이된다. 다른 이에게 홀려 있을 때는 인생을 다 날려먹고도 아까운 지모를 테지만, 그렇게 잃어버린 것은 다신 되찾을 수 없다.

결혼이란 서로에게 의미를 새기는 일이다. "나는 이 사람을 위해서 살아간다."라고 생각할 수 있다면 모든 것이 달라진다. 똑같이 밥을 먹어도 맛이 달라지고, 상사가 결정적으로 긁는 말에도 참는 인내심의 강도가 달라지고, 몸이 아파도 어서 낫고 싶은 강렬한 욕구가 생기고, 아무리 힘들어도 웃을 수 있는 여유가 생긴다. 하지만 배우자를 내 삶을 유용하게 하는 어떤 도구라고 생각한다면 늘 후회스럽고 만족스럽지 못할 것이다.

배우자에게 어떤 기대를 하는 것은, 자기 스스로에게 한계를 느끼고 실망한 것에서 근원한다. 자기 자신에게 만족할 수 없으니 돌파구가 필요하고 배우자를 이용해서 역전을 해보려고 하지만, 대개 부작용도 많고 행복해질 수 없다.

배우자에게 내가 없어져도 절대로 다른 사람은 채울 수 없는 빈자리를 만드는 일, 그것이 바로 내가 할 일이다.

여보,
난 가끔 생각해봐.
당신을 처음 만났던 날
당신과 처음 손 잡았던 날
당신과 처음 키스했던 날
그리고 우리 결혼했던 날
그리고 소중한 우리 아이가 태어났던 날

당신을 만나고
매일매일
소중하지 않은 날이 없어.

먼저 말 걸어 줄 것

침묵은 금이다! 말은 많아서 쓸모가 없다는 인식은 대부분의 사람들의 머릿속에 꽉 박혀 있는 듯하다. 그만큼 해야 할 말과 하지 말아야 할 말을 구분하는 것이 쉽지 않으며, 어떤 말을 하고 나서 올 결과를 예상하기 쉽지 않기 때문이기도 할 것이다. 사실 말이라는 게 한번 쏟아지기 시작하면 할 말, 안 할 말 구분되지 않고 쏟아져 나오며 뜻하지 않은 실언과 말실수로 인해 구설수도 불러오기 때문에 차라리 조용한 침묵이 더 좋다고 생각하기 쉽다.

말이라는 게 참 희한하게 칭찬이라는 것을 하면 뭔가 어색하고 거북하지만, 솔직하게 씹고 험담하면 왠지 재미있고 시간 가는 줄 모르며 직접 겪어보지 않고도 쉽게 공감을 하게 된다.

친구가 밥을 같이 먹자고 불러냈는데 자기 와이프의 자랑만 두 런두런 하면서 밥을 먹는 상황이 주어진다면, 밥맛이 뚝 떨어질 것이다. 하지만 와이프에 대한 험담을 한다면 청력은 두 배이상 기능을 발휘하고 점심 시간이 왜 이리 짧은지 아주 흥미진진해질 것이다. 험담하는 그 시간은 즐거울 지 몰라도 그러한 대화가 과연 두 사람에게 긍정적인 영향을 끼칠 지는 미지수다.

모든 문제는 말로 시작하니, 말조심을 해야 하고, 말조심을 하면서 말을 하다 보니 무슨 말을 해야 할지 말아야 할지 부터 고민이라 차라리 입을 닫아버리기 쉽다.

정말 말을 안하고 살다 보면 그 자체로 매우 평안한데, 갑자기 타인과 함께 하면 입을 꾹 닫고 있는 것이 매우 어색해서 뭐라고 말이라도 할라치면 무슨 말을 해야 할 지 몰라서 주뼛거리기도 한다. 도대체 누가 침묵을 금이라고 했던가, 다른 사람과 함께 있는데 먼저 말을 걸어주지 않고, 묻는 말에도 짧게 대답한다면 매우 무례한 사람이라고 생각할 것이다. 사람들끼리 모여 있는데 입을 꾹 다물고 있어 보라. 얼마나 답답하겠는가.

어떤 연인이 사랑을 시작했다면, 누가 사귀자고 했는지 궁금해하고 어떤 두 사람이 친구가 되었다면 누가 먼저 말을 걸었는지 궁금해 한다. 말을 먼저 건다는 것은 상대방에 대한 호감을 먼저 표시한 것이 되고 관계를 이끄는 리더 역할을 하는 것이다.

상대방이 먼저 말을 걸어주겠지, 내가 먼저 말 걸지 않을 거야, 생각하면서 침묵으로 일관한다면 타인의 관계 속에서 수동적인 태도로만 일관하는 셈이 되어서 트러블이 생길 경우 이를 해결하는데 어려움이 생긴다.

특히 말을 안 한다는 것은 관계 악화를 말한다.

"나, 이제 너랑 말 안 할 거야."

이런 말은 불쾌감을 강하게 표시하고 관계의 단절도 암시하는 것이기도 하다. 부부지간에도 함께 밥을 먹고, 함께 외출하고, 함께 한 공간에 있으면서도 말을 하지 않는 경우가 있다. 서로 할 일을 하면 됐지, 또 무슨 말이 또 필요하냐고 생각할 수도 있다.

또한 뻔한 패턴으로 말다툼하지 않기 위한 방편이기도 하다. 처음에는 서로가 어떤 생각인지 말하지 않아도 알 수 있기 때문에 말하지 않는다고 해도, 말이라는 게 한번 안하기 시작하면 타인에 관해서 무심해질 수 있어서 그 자체가 무관심으로 이어진다.

말을 안 해도 되는 그 편안한 세계로 한번 발을 들이면, 누군가를 만났을 때 무슨 말이라도 계속 해야만 하는 고통이 뭔지 알게 된다.

뻔한 이야기라도, 먼저 말을 걸어주는 것이 좋다. 매번 먼저 전화하고, 매번 먼저 말을 걸어주고, 매번 먼저 웃는 사람은 먼저 지친다. 하지만 나에게 먼저 전화하고, 나에게 먼저 말을 걸어주고, 나를 위해 먼저 웃어준 사람은 나에게 중요한 의미가 된다. 나를 챙겨준 사람이기 때문이다.

말을 할 때는 상대방이 싫어하는 화제는 하지 않는다. 상대방의 염장을 지르거나 아픈 데를 꼬집지 않는다. 사람에게는 누구나 조금의 교차점을 기대할 수 없는 평행선이라는 것이 있다. 절대 그것은 건드리지 않는다. 상대방이 좋아할 만한 말을 생각해본다. 그럼 말을 해야 하는 동기 때문에 상대방이 좋아하는 것이 무엇인지 관찰하는 일과가 생기고 그만큼 상대방에 대한 관심이 생긴다.

여보,

나는 언제나 당신의 편이야.

어느 날 울적한 내 마음을 달래보려고 했는데

아무리 노력해도 안 되는 거야.

그래서

당신의 마음을 들여다보기로 했지.

당신의 마음부터

다독이고 나니

비로소

내 마음이 보이는 거야.

늘 당신이 말해주지 않는다고 생각했어.

하지만 이제야 깨달았어.

내가 보려고 하지 않았다는 것을.

배우자의 영혼을
존중해줄 것

어떤 관계이든지 리더는 있다. 친구 관계, 부부 관계, 어떤 대인

관계든지 사람들을 이끄는 리더는 있다. 리더가 있어야만 굴러가

게 되어 있다. 수동적인 것이 적도 안 만들고 어쩌면 편하기 때문에

서로 눈치를 보면서 리더를 하지 않으려고 하기도 한다.

희생적이고 부지런한 리더는 모든 사람을 편하게 하지만, 이기

적이고 게으른 리더는 모두를 고달프게 한다. 모든 일을 직접 나서

서 하는 리더가 있고, 본인은 아무 일도 하지 않고 뒷짐만 진 채 다른 사람에게 모든 일을 시키기만 하는 리더가 있다.

부부관계에서도 리더는 있다. 어느 집은 아내가, 어느 집은 남편이 리더다. 이 리더의 성향에 따라 두 사람의 행복이 달려 있다.

배우자가 하는 생각, 배우자의 현재 기분을 조금도 배려하지 않고 그저 일방적으로 따라오게 만들면서 살아가는 경우, 서로 불행해진다. 상대방에게도 살아가는 패턴이 있는데 그것을 완전히 무시한 채 무조건 나에게 따라오고 내 말에 복종하면서 살아가길 요구하는 것이다.

나와 다른 점을 모두 지적해서 모두 자기에게 맞출 것을 강요하며, 상대방의 생각도 들어주지 않고 대화로 풀어가지도 못한다. 함께 생각하고 차이점의 갭을 줄이고 서로를 배려하는 과정이 거추장스럽고 귀찮아서 그저 일방적으로 배우자가 따라오도록 요구하는 것이다.

긴 결혼생활을 행복하게 보내려면 배우자가 그 시간을 참고 인내하는 시간을 만들어서는 안 된다. 참고 또 참는다는 것은 더 이상 방법이 없어서, 막다른 골목에 진입한 사람이 선택하는 마지막 선택이다.

관계를 이끄는 리더는 상대방을 잘 이끌지 못하면 결국 자기 자신도 이끌지 못하게 된다. 이기적인 리더는 결국 팀을 와해시킨다. 특히 모든 사람이 자신을 따라와야 한다는 식의 저돌적인 스타일은 직장에서도 사람을 여럿 괴롭힌다.

아주 사소한 문제로 다른 사람으로 하여금 같이 일을 못하겠다면서 쫓아내버리고는 그게 미안한 줄 모른다. 직장 생활 10년 차인 B는 야채와 채소를 헷갈리는 후배가 마땅치 않았는데, '채소'라고 쓰라고 해도 후배가 한번 더 '야채'라고 쓰자 자기 말을 안 들었다고 자신의 권위를 휘둘러 회사에서 쫓아내버렸다. 하지만 B도 얼마 지나지 않아 퇴사해야 했다. 그는 자리를 못 잡고 이곳 저곳 불안정한 직장을 떠돌면서도 결코 자신을 돌아보지 않았다. 또한 여전히 채소와 야채 사건에 관해서도 당당했다. 이게 무슨 사람을 내쫓고 할 문제가 된단 말인가.

언제나 자신은 옳다고 생각하는 사람은 자신의 잘못을 잘 깨우치지 못한다. 자신의 생각과 말로 자신만이 편한 불평등한 규칙을 만들어서 배우자에게 강요하는 것은 매우 어리석은 일이다. 상대방이 내 말을 들어주지 않고, 무시했다는 그 기분으로 인해서 권위를 휘두르거나 상대방을 짓밟고 올라서려고 해서는 안 된다. 그러한 분노는 상대방에게 정서적으로 학대를 하기도 하고 손찌검을 하기도 하고 주저 없이 상처를 주기도 한다.

사소한 일에 자신이 무시당했다는 생각이 배경에 깔려 있기 때문인데, 그렇게 받아들이는 생각의 매커니즘이 잘못된 것이다. 고의적으로 무시하려고 했던 것이 아니라 그 사람은 잠시 잊은 것이다.

설령 약간의 고의성이 있다고 해도 나는 그 사람과 잘 지내야 한다는 생각까지 버려서는 안 된다. 그러니 상대방에게 뭔가 원하는 것이 있다면, 그것에 관해서 찬찬히 잘 말할 수 있어야 한다. 그러한 노력은 혹시 내 생각에 억지가 없었는지, 상대방을 불편하게 한 것은 없었는지 돌아볼 시간도 준다.

모든 사람에는 영혼이 있고, 그 영혼을 존중해주어야 한다. 그 사람이 좋아하는 것, 그 사람이 싫어하는 것을 존중해야 한다. 타인에게 피해를 주지 않는 선의 그 사람의 사소한 실수도 그 사람의 권리다. 치약을 바깥에서 짜면 좋겠지만 앞부분을 푹 눌러

짠 것은 비효율적이지만 그 사람에게 상처를 줄 만큼 대단한 것은 되지 못한다.

나 혼자만 내 편이만을 생각하면서 행복하려고 하는 결혼생활은 절대로 행복해지지 않는다. 아이를 키울 때는 아이를 위해서 엄마가 먼저 행복해져야 하듯, 행복한 결혼생활을 위해서는 배우자가 먼저 행복해져야 한다.

그 행복의 근원은 물질적인 것이 아니라 그 사람의 영혼이 고독하지 않게, 그 사람의 영혼이 인내심으로 결박당하지 않게 충분히 배려해주는 것이다.

여보,
어딜 가도
당신의 옆자리만큼
더 편한 곳은 없어.

타인과 비교하지 말 것

혼자인 것보다 여럿이 좋다지만, 사람은 어떤 때는 혼자일 때가 가장 좋다. 바로 타인으로 인해서 즐겁지 못할 때다.

사람은 정말 친해지지 못하면, 자신의 마음 속 깊은 곳까지 꺼내지 못한다. 친밀함을 넘어 신뢰가 쌓일 때 자신의 진짜 모습을 보여준다. 하지만 그럴 단계가 아닐 때는, 타인에게 기죽기 싫어하고, 좋은 면만 보여주고 싶어 하고, 여러 가지 면에서 과시하기에 이른다. 과시도 하다 보면 선을 넘는데, 자신의 말속에서 끝도 없이 자존감이 올라간 사람은 자신을 부러워하는 사람에게 "너는 그리고 사냐?"며 상처를 주기도 한다.

사람들과 속 깊은 대화를 할 기회는 생각보다 많지 않고, 대개 겉도는 대화가 더 많다. 그래서 만날 때는 즐겁고 재미있었는데 돌아오면 시간만 버린 것 같고 다음에 또 만나고 싶지 않을 때도 있다. 특히 타인의 은근한 자랑과 과시가 때로 나를 돌아보게 만들기도 한다.

"내 친구는 산후조리로 일주일에 오백만 원이나 썼대."

"친구의 여동생은 결혼 5주년 기념으로 유럽 여행을 다녀온대."

"친구의 친구의 친구는 아들을 낳은 기념으로 외제차를 선물 받았대."

"동창은 아이를 학원을 열 개나 돌리고 둘째도 원어민만 있는 영어 유치원에 보낸대."

"옆집 여자는 시댁에서 아파트를 사줬대."

이 얼마나 머릿속에 확확 들어오는 내용들인가. 아주 솔깃한 이야기들 속에는 숨겨진 네거티브한 사연들이 숨어있겠지만, 정말 친하지 않은 이상 말할 수가 없다. 애매한 관계에서 깊은 속을 말하면 오히려 이상한 사람이 된다.

남자도 마찬가지다.

"누구네 집 아내는 얼마를 벌어온다더라."

"내 친구는 별로 볼 것도 없는데 장인을 잘 만나서 승승장구한다 더라."

이런 말로 아내에게 상처를 준다. 어디서 누구랑 정말 친해지지도 못하고 그저 겉도는 대화만 줄창 하고는 그걸로 "아, 나는 뭔가?"라는 철학에 빠져서 지금의 못난 자신을 배우자를 통해 책망한다.

타인과 진짜 깊은 대화를 해보면, 정말 나는 이렇게 살아서 다행이라는 생각이 들 것이다. 분명 나보다 잘났고, 많이 갖춘 사람인데도, 내가 평생 뼈 빠지게 노력해도 못 벌 돈을 증여받은 사람인데도 정말 그 사람의 깊은 속을 알게 되면 '내가 낫네.' 이렇게 생각하게 된다.

타인과의 비교를 통해서 나는 상처를 받고, 그 탓을 배우자에게 돌리는 일은 참 많다. 하지만 얼마나 부질없는 일인가. 결혼 전에도 우리는 나 자신을 타인과 수많은 비교를 해왔다. 때로 질투가 나면 그 사람을 무시하거나 험담하기도 했다. 얼마나 부질없는 일인가. 타인을 있는 그대로 받아들이고 인정해주는 연습이 필요하다.

어쩌면 위로가 필요했을 수도 있다. 산후조리로 일주일에 오백만원을 써도 서비스는 엉망일 수 있고, 큰 마음을 먹고 떠난 여행에서 봉변을 당했을 수도 있고, 외제차를 선물받았지만 남은 할부값은 본인 몫일 수도 있고, 학원을 열 군데를 다녀도 성적은 오르지 않고, 줄창 전기세만 내줄 수도 있고, 아파트를 사줬다지만 시댁에서는 계약금만 내줬을 뿐 나머지 금액은 본인들 몫일 수 있다. 의외로 집을 사줬다는 일부 시어머니들이 동호수 계약은 본인이 하고 일부 돈만 보태준 뒤 나머지는 아들부부에게 미루면서 "집 사줬다."라고 말하기도 한다.

속사정이라는 것은 결국 아무도 모르는 것이다. 어쩌면 사람들은 자신과 타인을 비교하는 것이 아니라 자신과 타인의 허세와 비교하고 있는지도 모른다. 누군가가 진심어린 속을 내비쳤다면 그렇다면 비교해도 좋다. 타인의 과시는 절대로 나와 비교할 가치가 되지 못한다.

여보, 아이 친구 엄마로 만난 옆동 여자 알지?
왜 그 얼굴 크고 다크써클 자글자글한 여자 말이야.
나, 이제 그 여자한테서 거리 둘 거야.
내 앞에서 자기 남편이 얼마 번다는 둥
자기 시집 재산이 얼마라는 둥
자기 아이가 무슨 크고 유명한 학원에서 레벨테스트를 봤는데
몇 점이 나왔다는 둥 자꾸 떠벌리잖아?
그런데 듣고 있으니까 열 받더라.
내 입술이 부풀고 각질이 일어났는데
어디 아픈데는 없냐고 한번 물어봐주기라도 했으면
그래도 덜 미울 거야.
흥! 그게 나랑 무슨 상관이야?
내가 왜 이런 이야기를 듣고 있어야 하는지
화가 나기도 하고.
그 여자의 자랑 들어주느라 너무 시간이 아깝더라고!
내가 왜 그 여자 때문에 작아져야 해?
왜 당신이 작아져야 해?

시간 지나면 알게 된다.
친구의 자랑이 듣기 싫은 게 옹졸한 거 같아도
그게 싫은 게
가정을 지키는 길이라는 걸.
동네 아줌마들끼리
학부모들끼리
친구가 될 수 없는 이유는 있다.
나보다 잘난 사람 부러워하고
내 배우자와 비교하기 시작하면
당신은 왜 그것밖에 안 되느냐고
나는 배우자를 괴롭히게 된다는 걸.

그냥 인정해주면 쿨하겠지만

그래도 나도 너 못지 않다고 한방 먹여주고 싶은 건

털끝만큼도 내가 흔들리고 싶지 않아서야.

타인의 자랑이 솔깃하고

귀에 들어와 박히면

그러면

나는 더이상 나를 지킬 수 없게 된다고.

당신이 먼저

부부는 맛있는 걸 먹을 땐 배우자가 먼저 생각이 나야 하고, 길을 갈 때는 그 사람의 주위를 먼저 살필 수 있어야 한다. 배우자가 말하지 않아도 지금 기분이 어떤 지 알아차릴 수 있어야 한다. 배우자를 둔다는 것은 함께 할 사람을 둔다는 것을 넘어 나보다 먼저하게 할 사람이 생기는 것이다.

타인이 먼저하도록 한다는 것은, 양보를 의미한다. 가령 냄비가 하나 밖에 없을 때 라면을 끓인다면 상대방부터 끓여주는 것이다.

　(맛있는 고기 앞에서) "당신이 먼저 먹어."
　(긴 줄 서 있는 버스 앞에서) "당신이 먼저 타."

　누군가에게 먼저하길 허락했다는 것은 먼저 한 사람이 나중의 사람을 기다려줄 것이라는 확신이 있기 때문이기도 하다. 배우자가 먼저 챙겨주면 기만큼 기가 세워지기도 한다. 세상의 그 누가 나를 위해 양보해주고 배려해주겠는가. 다들 추월당하지 않으려고 나보다 앞서 걸으려고 하고 먼저 가려고 한다.
　안타깝게도 다른 사람들에게는 양보를 헤프게 잘하면서도 유독 배우자에게만은 양보는 커녕 구박하고 힘들게 하는 경우가 있다. 배우자는 마구 대해도 되는 사람, 모든 것을 이해하고 받아줄 사람이라는 잘못된 인식에서 비롯된다.
　부부간의 불화의 근원은 서로 양보하지 않는 습관으로부터 주어진다. 지는 것을 싫어하고 상대방의 기를 꺾어놔야 직성이 풀린다면 그것은 배우자와 함께 살아가고 있는 것이 아니다.

연애 시절의 연애가 호르몬이 받쳐주는 뜨거운 사랑이었다면, 결혼 후의 사랑이란 너그러운 양보로부터 시작한다. 서로 떨어져 있을 때 맛있는 음식을 먹으면 그 사람은 뭘 먹었는지 알고 싶고, 따뜻한 이불 속에서 잠을 청할 때 그 사람도 잘 자고 있는지 알고 싶고, 좋은 일이 생기면 가장 먼저 알려주고 싶어진다.

만일 우연한 기회에 로또 복권에 당첨된 걸 알고도 배우자에게 속이고 몰래 이혼하는 건 그건 아마도 그 사람의 심성이 나빠서라고 하기 보다는 오래전부터 사랑이 아니었기 때문에 가능할 것이다. 진짜 사랑은 어느 날 갑자기 큰 돈이 생겨도 그 사람을 위해서 쓸 수 있는 것이다.

평소 배우자에게 해주고 싶었지만 해줄 수 없었던 것들에 대한 목록을 만들어보라. 그 사람이 갖고 싶어하는 것, 필요로 하는 것, 간절히 원하는 것.

하지만 알고도 모르는 척하는 것. 현실적인 여건 때문에 해줄 수 없지만, 어느 날 능력이 주어진다면 지금 사랑하는 사람을 더 사랑할 수 있다면 그건 진짜 사랑일 것이다.

(엘리베이터 문이 열리면) "당신이 먼저 타."

(우는 아이가 칭얼거리면) "내가 재울게. 당신은 먼저 자."

(밖에서 만날 약속을 했다면) '내가 먼저 가 있자.'

당신이 먼저 행복해야 나도 마음 편히 행복할 수 있나.

좋은 추억은
이따끔씩 꺼내보자

함께 여행을 가서 즐거웠던 일, 배우자에게 고마웠던 일, 재미있고 유쾌한 에피소드가 있다면, 아주 가끔씩 지나가는 말로 꺼내보는 것은 좋다.

식사를 하다가, 텔레비전을 보다가 차를 타고 가다가 그냥 지나가는 말로, 함께 했던 어느 멋진 날에 관해서 이야기해보는 것은 좋다. 어쩌면 친구나 지인에게 이야기를 하는 것보다 더 의미가 있을 것이다.

"당신 그때 정말 웃겼었는데."
"정말 재미있었어."

좋은 생각, 좋은 말을 하는 것도 습관이 되면 기질도 따라간다. 매번 섭섭한 것, 울화가 치미는 것만 생각하고 기회가 되면 말을 꺼내다 보면 개선되는 것은 없고 서로에게 지칠 뿐이다.

사랑이란 다른 사람은 지나치고 잊어버리는 사소한 것까지도 기억해주는 것이다.

추억은 그저 묻어두면 빛바래고, 언젠가 내가 가진 것을 잃어서 상심했을 때 짜잔하고 나타나서 가슴을 더 후벼파기도 한다.

평소 가끔씩 입에 올린 추억은 훗날에도 가시가 되지 않는다. 여행을 가며 외출을 하는 것은 '어느 멋진 날'을 만들기 위해서다.

소중하다는 것을
잊지 말 것

살다 보면 이미 가진 것에 관해서 조금도 아깝게 느껴지지 않을 때가 있다. 특히 화가 났을 때, 내 마음대로 되지 않을 때, 자꾸만 부딪힐 때 그렇다.

부부싸움을 했을 때, 특히 매번 같은 문제로 시비가 붙을 때, 오래도록 말을 하지 않고 살 때, 속으로는 앓으면서 타인의 이목에만

신경을 쓰고 살 때, 그럴 때면 차라리 다 끝내버리고 깔끔하게 새로 시작하고 싶을 때도 있다.

가정을 꾸리고도 내 마음을 너무나도 잘 알아주고 따뜻하기 그지없는 새로운 이의 유혹에 약해지기도 한다.

매일 보는 아내는 사근사근하지도 않고 점점 게을러지고 뚱뚱해지는 것 같다. 사춘기를 맞은 아이들은 인사도 없이 방안에 들어가서는 보이지도 않고, 남편은 평일에는 늦게 들어오고 주말이면 자기 하고 싶은 일만 하거나 쿨쿨 잠만 잔다. 스스로는 절대로 바뀌지 않으면서 다른 사람에 대해서 불평만 늘어가고 생활 방식을 바꾸려고 드는 일은 매우 많다.

어느 날 가족을 버리고 나면 나의 인생을 새롭게 시작할 수 있는 것일까? 지금도 늦지 않았으니 내가 원하는 대로 살아갈 수 있는 것일까?

하지만 새 출발이라는 단어처럼 한심한 단어는 없다. 지금이 마음에 안 들고 이리저리 후회가 되다 보니 새 출발이라는 단어가 새롭게 느껴질 지 모르지만, 사람의 인생은 절대로 리셋할 수가 없다. 내 욕심만 챙기면서 내가 가고 싶은 길만 찾아서 가면 될 것 같지만 현실은 절대로 녹록하지 않다.

내 나름대로 잔머리를 굴리며 명석하게 저울질하고 있는 것 같아도 그것은 이론상으로만 달콤할 뿐 현실은 전혀 다른 결과를 가져온다. 남들이 버리는 것도 주워와야 할 판에 내가 가진 것을 버리면서 나 자신을 리셋할 수 있겠는가?

당신에게 배우자가 있다면, 그렇다면 당신은 이미 어떤 식으로든 행복한 것이다. 그 행복의 깊이는 당신이 얼마나 배우자를 사랑하느냐에 달려 있다. 그 사람 때문에 당신이 힘든 것이 아니라 당신이 그 사람을 사랑하지 못해서 힘든 것이다. 어떤 때라도 당신의 배우자는 이 세상에서 가장 소중하다는 것을 잊지 말아야 한다.

여보,
만일 당신이 없으면
나는 뭘까?
빡센 회사에서 일하다가 지치면 이런 생각을 하지.
이러다 내가 없어지면 이 회사가 안 굴러갈 거야!
막상 내가 없어도
회사는 잘만 굴러가. 매출만 올라서 세금만 더 많이 낼 걸?
우리는 서로가 없어도
어쩌면 잘 살 수 있을 지 몰라.
없어도 충분히 잘 살 수 있으니까
그러니까 지금
당신을 더 소중히 여겨야 한다고 생각해.
당신은 내가 없어도
잘 살 테니까.
내가 함부로 버리면 안되는 사람이니까.

여보,
아침에는 우리 싸워서
당신은 기분도 못 풀고
일하러 가야했지만
퇴근 후에 돌아올 때는
당신도 나도
다 잊었으면 해.
무엇 때문에 기분이 나빴는지
앞으로 어떻게 했으면 좋겠다던지
그런 말을 하지 않았으면 해.
만일 그걸 걸고 넘어진다면
집에 오기가 싫어질 거야.

토라진 아내의
마음을 여는 법

남자들은 대체로 말수가 적다. 말이 적고 또 생각도 여자만큼 복잡하지 않다. 어쩌면 그 명료함이란 불필요한 것이 모두 곁가지가 쳐져서 살아가는 데 편리하다. 그러나 말이 많고 생각도 많은 여자와는 코드가 맞지 않을 수도 있다.

남자는 그저 아내가 자기 편을 들어주면서 격려해주고 추켜 세

위주면서 따라와 주길 바라지만, 여자는 끊임없이 잘잘못을 따지면서 남자에게 지나간 것에 관해서 시정하고 개선할 것을 요구한다. 또한 궁극적으로 상처받은 자신이 마음까지도 위로받길 원한다.

어쨌든 배우자가 간절히 원하는 게 있다면 되도록 들어주는 것이 좋다. 적어도 시늉이라도 하면서 최소한의 노력을 보여주는 것이 좋다. 어찌 보면 사소한 것인데, 단지 귀찮아서, 말을 들어주면 지는 게 되는 것 같아서 배우자의 요청을 모르쇠로 일관한다.

아내가 토라질 때는 대개 아내가 원하는 것이 좌절되었을 때다. 그리고 남편으로부터 배신감을 느끼며 섭섭하고 씁쓸할 때다. 그런데 그녀가 섭섭해지고 씁쓸해지는 그 순간을 포착하는데 어려움이 있는 듯하다. 생각을 더듬어보면 그녀는 아내 이전에 여자친구일 때도 그랬다. 그녀의 비위가 상했을 때, 뭔가 기분이 나빠졌을 때 그녀는 앞뒤 일의 순리와는 달리 표정이 싸해지고 집에 가고 싶다고 했고 혼자 있고 싶다고 심지어 당분간 떨어져 있자고 했을 것이다.

"도대체 내가 뭘 잘못했길래?"

"왜 저러는 거야?"

알 수 없는 순간도 참 많다. 서로 사랑한다는 이유로 상대방을 자기 뜻대로 움직이려고 하면 안 되지만, 딱 내 것 같이 느껴지면 나의 통제 아래 놓고 싶은 곳이 사람의 마음이다.

진정 여심을 이해하지 못해서 "그래, 내가 다 잘못했어."식의 접근은 오히려 그녀의 역성만 산다.

부부로 지내다 보면, 진짜 아내가 원하는 것을 알면서도 모르는 척하면서 고집을 피우는 일이 많다. 아내가 된 그녀는 여자친구일 때보다는 한풀 꺾였을 것이다. 하지만 아내에게 미운 털이 박혀서는 무난하게 집안에서 생활하기 어렵다.

아내가 매사에 협조할 때랑 아내가 매사에 태클을 걸 때의 집안 생활은 그 퀄리티에서 매우 차이가 난다. 아무래도 아내가 반찬과 건강식에서 여러모로 신경도 쓰고, 필요한 것도 먼저 챙겨주고 하면서 뭔가 편하고 그 케어 받는 기분 속에서 안락함을 느낀다.

하지만 아내가 굶든지 나가 사먹든지 관심도 없고 아침에 출근하는데 차 키를 거실 탁자에 두고 나가는 걸 보고도 모르는 척 한다면, 분명 아파트의 1층 주차장에서 아내가 음식물 쓰레기를 버리는 것을 봤는데, 엘리베이터에서도 복도에서도 집안에서도 그녀의 흔적을 찾을 수 없을 정도로 그녀가 당신을 보고 몸을 숨겨버린다면, 그녀가 당신의 퇴근 시간에 맞춰 외출을 한다면, 분명히 무슨 택배가 오긴 했는데 새 물건은 흔적도 없고 심지어 택배 박스까지도 증발했다면, 아무리 큰소리 뻥뻥 치는 당신이라도 쓸쓸할 수밖에 없다.

상대방이 원하는 것을 들어주는 것은 절대로 지는 것이 아니다. 그것도 자기 변화의 일부분이다. 관성의 법칙처럼 사람은 살아온 대로 살고 싶어 하지 어떤 변화를 쉽게 받아들이지 못한다. 배우자가 원하는 대로 변하는 모습을 보여주는 것, 그것은 굳에 닫혀버린 부부간의 갈등도 녹일 수 있는 계기가 될 것이다. 물론 아내가 도저히 들어줄 수 없는 것을 요구할 경우는 그것을 못해주더라도 다른 일로서 더욱 노력하는 모습을 보여주는 것도 도움이 될 것이다.

저녁에 아이 학원 보는 것 때문에 대판 싸웠다면, 명절 날 본가에서 어머니 편을 들었다가 3개월이 지난 지금도 아내는 꽁해져서 쳐다볼 때마다 싸늘한 눈초리로 바라본다면, 이제 당신은 굳게 닫힌 그녀의 마음을 열어야 한다.

여자는 남자가 불쌍해 보일 때 마음이 좀 흔들린다. '이 사람, 나 아니면 안 되겠구나', 생각이 들 것이다. 엄청난 폭군으로 가부장적 가정 체제를 이끌어온 무시무시한 아버지도 늙으면, 성장기에 아버지라면 벌벌 떨던 딸들도 그 넓었던 아버지의 등이 이토록 초라해졌다고 숙연한 마음을 갖는다.

물론 다 그런 건 아닐 것이다. 게다가 여자들의 기억의 데이터란 매우 오래 가서 죽음 직전까지도 회자된다. 과거의 만행을 곱씹으면 "그래도 싸다!" 할 사람들도 많다. 그러니 힘이 세다고, 지금 경제력이 있다고 아내를 무시하거나 제압하지 말자. 아내가 불쌍하게 여기면 "이 사람이 나 없으면 어쩌려고." 이런 생각에 마음이 좀 약해진다.

여자는 '이 남자가 완전 내 편이구나', 생각했을 때 마음이 두둑해진다. 밖에 나가서 자기 가족의 편만 들면 완전 밉상이라서 사실 "우리 마누라 이쁘다." "착하다." 이런 말은 못하지만, 각종 표정과 제스처에서 아내의 기를 세워주면 그녀도 달라진다.

"아까 친구 마누라 보고 예쁘다고 그래서 삐쳤지? 그건 그냥 듣기 좋으라고 한 말이야. 깨진 단호박 같더구만. 당신, 내가 호박은 반찬으로도 안 먹는 거 알지?"

그리고 다른 사람에게 호의를 베풀다가 아내를 고생시키는 일을 해서는 안 된다. 효도도 직접, 우정도 직접 독립적으로 처리한다.

또한 선물도 그녀의 마음을 열기 편하다. 여친일 때라면 그녀와 그녀의 친구들에게 한턱 쏘면 점수 따겠지만 결혼한 후에 그랬다가는 더욱 냉전이 가속화될 것이다. 선물을 주려는데 명분이 애매하다면 "오늘이 당신이라 데이트하던 날 중에서 당신이 가장 예쁘다고 생각해둔 날이야. 그래서 달력에 기록해놓고 기다려. 나에게 특별한 날이거든."하면서 조공 공세를 펼쳐보라. 선물도 평소 그녀에게 없던 것, 필요로 하는 것으로 생각해보라. 괜히 엄한 여자 직장 동료 데리고 가서 선물 골라달라는 등의 전략은 금하시길.

매사 아내가 편들어주는 남자는 승승장구한다. 편 안 들어주는 아내를 탓하지 말고, 그녀 스스로 움직이게 해야 한다.

아내가 완전 삐쳐다지고 말 걸어도 모르는 척한다면, 뭐 할 수 없다. 그냥 "여봉!" 외치며 그녀를 백허그하는 수밖에.

겸연쩍을 필요 없다. 그냥 말 없이 여자에게 끊임없이 상처를 주는 게 남자다움은 아니다. 배우자는 당신의 일부분이다.

그냥
아주
그냥
당신을 사랑합니다.

당신은 내가 책임져

함께 살아가다 보면, 내가 할 일을 반을 배우자에게 미루는 습성이 생긴다. 왜냐하면 함께 살아가기 때문이다. 아이도 나 혼자 낳아서 키우는 게 아니라 함께 낳았으니 함께 키우는 것이고, 집도 함께 사는 것이니까 함께 관리해야 한다고 생각한다.

경제권은 독차지하고 싶어하면서도 가정의 의무에 관해서는 반반씩 나누려고 하고, 반반씩 나눠서 생각하다가도 상대방이 다 알아서 하겠거니 편한대로 그냥 전부 다 미뤄버리곤 한다.

그런데 만일 어느 날 이혼 위기가 왔다면, 부부가 각자 양육권을 주장하는 경우도 있으나 서로 아이를 키우지 않으려고 미루기도 한다. 집과 재산은 다 가지고 싶어도 아이는 맡지 않으려고 하니 참 아쉽다. 하지만 두고 보면 아이가 가장 큰 재산이다.

결혼했다면, 배우자가 있든 없든 아이는 무조건 내가 끝까지 키운다는 생각을 가지고 있어야 한다. 살다가 설령 배우자가 없어진다고 해도 나는 무조건 아이를 키운다고 생각해야 한다. 이혼하거나 사별해도 아이는 무조건 내 몫이다. 배우자가 있으니까 함께 키운다고 생각해서는 안 된다. 왜 나만 키워야 하느냐고 생각해서도 안 된다. 남편이나 아내나 마찬가지다. 항상 함께 키운다는 것이 머릿속에 박혀 있기 때문에 '함께 키우지 못하는 아이'에 관해서 지레 겁먹고 혼자 키우는 데 두려움을 느낀다.

의지하거나 보호 받으려고 결혼하는 것이 아니다. 혼자일 때보다 둘이 좋다는 것을, 심리적으로 의지하는 맛에 말해서는 안 된다. 함께 한다는 것도 서로 같이 움직이고 서로를 보호해줄 때 의미가 있는 것이지 배우자가 다 알아서 해줄 거라고 뒤로 빠져 있을 때는 의미가 없다.

타인에게 의지하면 참 좋다. 마음도 편안하고 힘들거나 괴롭지 않다. 귀찮고 힘든 일은 배우자가 나서서 해주면 참 좋다. 하지만 배우자를 그런 식으로 생각해서는 안 된다. 그저 나약하게 의지만 하려고 하면 상대방에게 부담만 준다. 또한 어느 날 배우자가 사라지면, 혼자 살아갈 힘이 없어 힘들어진다.

결혼했다면, 배우자는 무조건 내가 책임지는 것이다. 남편이든 아내든 마찬가지다. 그 사람에게 내 묻어가면서 살아가는 것이 아니라 그는 내가 지켜주고 책임질 사람으로 생각해야 한다. 아이도 마찬가지다. 무조건 내가 다 지켜주는 것이다.

배우자가 아프면
살아갈 이유가 되어줄 것

살다가 배우자가 아프면 처음에는 걱정을 한다. 물론 앞에 좀 싸우거나 감정이 상하면 일시적으로 고소해하기도 한다. 하지만 하루 이틀 지나 계속 아프면, 슬그머니 귀찮고 짜증이 난다.

"제발 아프다는 소리 좀 하지 마라!"

안 아픈 사람은 아픈 사람의 심정을 헤아리지 못하고, 자기 불편한 것만 생각하게 된다.

어디 가족만 그러한가. 접촉하는 대부분의 인간관계가 그렇다. 아픈 것도 빨리 나아야지, 기간이 오래가면 모두들 지치고 힘들어 한다. 큰 병 앞에서는 병원비에 대한 걱정까지 하면서 세속적이고 이기적인 생각에 빠지기 쉽다.

그럼에도 정작 내가 아플 때는 혹시라도 배우자가 나몰라라 할까봐 걱정을 한다. 아플 때 곁에 있어 줄 사람이 필요해서 가족의 중요성을 강조하기도 한다. 병원에서는 항상 보호자를 필요로 하고, 입원을 하면 간병해 줄 사람이 필요하다. 결혼식에 와줄 사람을 구하기 위해서 일부러 친구를 사귀듯이.

누구나 자신만의 일상을 편안하게 누리고 싶어 한다. 내가 하는 일을 가족들이 도와주면 더 좋다. 하지만 내가 가족들을 도와주면서 사는 삶은 또 다르다. 하지만 가족이 아프면 그러한 일상이 무너지고 그 사람으로 인해서 시간이 축나기 시작한다. 그것은 큰 불편함으로 다가온다.

만일 배우자가 아프다면, 다른 생각은 다 그만두고 그 사람의 손을 잡고 말해주라.

"많이 아파? 걱정 마. 곧 좋아질 거야."

"당신이 없으면 난 어떻게 살지?"

"다른 생각은 하지 말고 어서 낫기나 해."

배우자가 아플 때일수록 마음을 가다듬고 심정을 헤아려줘야 한다. 아픈 사람은 대개 절실하게 낫고 싶어 하고, 특히나 심각한 병에 걸렸을 때는 죽기 싫은 마음으로 가득하다.

"다들 지쳤어. 그만 편하게 놓아줘."

설령 가족들이 모두 귀찮아하고 차라리 죽고 나면 편하겠다는 생각이 들 정도로 오랜 투병을 한다고 해도, 병상에 누운 사람들은 대개 살고 싶어 안달을 낸다.

배우자가 아플 때는 마인드 콘트롤이 필요하다. 스스로의 감정에 즉각적으로 반응해서는 안 된다. 배우자에게 나는 살아갈 이유가 되어주어야 한다. 병상에 몸져 누울수록 음식 관리가 가장 중요하다. 밥은 최고의 보약이다. 설령 배우자가 눈을 감는다고 해도, 아픈 그에게 힘이 되어 주었다면 떠난 사람보다도 떠나보낸 사람에게 더 큰 위로가 된다.

아픈 사람에게 막말을 하고 상처를 주면서 조금씩 인성을 내려놓게 되고 그러는 사이 몸은 편안해질 지 몰라도 행복은 저멀리 사라지게 되어 있기 때문이다.

'나는 조금도 행복하지 않아.'
'너무나도 우울해.'

이런 생각에 사로잡히기 쉽다. 아무리 우울해도 고칠 방도도 없다.

조금 힘들어도 마지막까지 힘이 되어주었다면, 내 마음 속 인성의 세포들을 다 깨우면서 행복해질 수 있다.

배우자가 아프다면, 아픈 사람보다도 더 겁에 질려 절대로 도망치지 말 것.

즐겁고 행복했던 일보다
아프고 괴로웠던 일이 더 오래 기억에 남는 걸 보면
그래도 즐거운 일이 더 많고
힘든 건 별로 없나 보다.
힘든 일이 더 많았다면
일일히 기억하며 살기가 어려울 것이다.

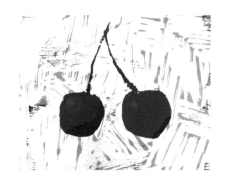

감사할 것

여러 사람의 질서 속에서 살아가면서 사람은 수동적으로 생각하고 행동하기 쉽다. 자신의 소신을 이야기하는 것인데도 튀는 행동이 될까봐 망설이게 된다. 때로 그것에 익숙해지면 타인이 주는 관심과 사랑을 그저 흡수하기만 할 뿐, 그것에 대한 반응에 대해서는 무심할 수 있다.

동생을 칭할 때, 아이에게 '내 동생'이라는 표현 대신, '너의 이모'

라고 칭하고, 남편을 말할 때는 아이에게 '내 남편'이라는 표현 대신 '너의 아빠'라고 말한다. 그러한 호칭은 이미 우리는 수많은 관계 속에서 얽혀있는 반증이기도 하다.

나의 자식인데도 시부모에게는 '어머니의 손자' '아버님의 손자'로 부르며, 그렇게 인식하게 된다. 내가 낳은 아이인데도 이 집안의 핏줄처럼 여겨져서 마치

시부모에게 내 자식에 대한 어떤 의무가 있다고 생각하기 쉽다. 실로 시부모가 아들 부부의 문제에 개입해서 손자에 관한 간섭을 하기도 한다. 대를 이어야 한다는 둥, 제사 지내줄 사람이 필요하다는 둥, 만일 며느리가 아이를 낳지 못하면 이혼을 종용하거나 심한 경우 밖에서 낳기를 바라기도 한다. 하지만 아이에게 양육의 의무를 가지고 있는 사람은 전적으로 아이의 부모뿐이다.

나를 온전히 나 자신으로 생각하지 못하고 관계 속에서 얽혀서 수동적인 것에 익숙해지면, 타인이 주는 호의를 당연하게 받아들인다. '나는 이만큼 받아야 해'라고 생각하는 반면, 백번 잘해줘도 한 번 거슬리면 남처럼 멀어지기도 한다.

친구와 만났을 때, 친구가 밥을 샀다면 맛있게 얻어먹고는 그 친

구에게 다시 사주지 않는 경우가 있다. 친구는 몇 번 더 밥을 샀지만 끝까지 얻어먹고 마는 경우가 있다. 사람 사이의 관계는 내가 얻어먹던 것을 갚아줄 때, 내가 타인에게 베풀면서 지속적으로 이어지는 것이다.

가족 간에도 호의를 입었다면 그것을 당연하게 받아들이지 말고, 기브앤테이크를 해야 한다. 돈도 안 주면서 고약한 시집살이를 시키는 시부모가 있는가 하면, 재산을 많이 주는 경우가 있다. 하지만 "돈 좀 얻을 때만 살살거린다"며 주고 나서 얼마 안 지나 또 돈을 안 주니 싶어서 눈치만 보는 경우가 더러 있다. 늘 퍼주기만 하는 사람도 힘들지만, 정작 받기만 하는 사람도 힘들다.

가족 간에 오가는 돈은 주는 사람에게는 큰 돈이지만, 받는 사람에는 너무나도 작고 감질나는 돈이다. 수동성에 빠지게 되면 언제나 타인의 호의에 목마르게 된다. 늘 모자라다는 생각에 답답하다면, 나는 이미 호의를 받았지만 되갚아주지 않은 것들을 생각해보라. 그냥 받지만 말고 감사함의 리액션은 분명해야 한다. 가장 마음 편하고 배부른 돈은 내가 스스로 일해서 받은 월급이다. 그것이 적은 액수라고 해도 알고 보면 가장 푸짐하다.

02

누구보다도 먼저
그대를 지켜줄 순간

시어머니와 시누이가
미워하는 이유

여자라면 누구나 시집을 가는 순간 시월드를 만난다. 결혼을 해 본 사람은 그 고충을 익히 알 것이다. 그걸 생각하면 괜히 결혼했나 싶고 후회도 든다.

사실 시댁 식구들이 며느리를 미워하는 것은 굉장히 비효율적이고 비상식적이며 비논리적이다. 그럼에도 오랜 시간 동안 되풀이되어 이어져오는 것은 그만의 흐름이 있기 때문이다. 고된 시집살이를 거쳐온 여자가 더 무시무시한 시어머니가 되고, 시댁에서는 너무 힘들어서 눈물이 날 지경인데도 친정에 돌아가서는 올케에게 서로 위로를 해주는 것이 아니라 눈을 흘긴다.

피가 안 섞인 사람을 가족으로 받아들인다는 것은 그 자체로도 큰 스트레스다. 특히 지금은 한 밥상에 앉아 밥 먹고 서로 어울려도 돌아서면 남이 될 사이라는 벽도 한 몫한다.

"우리는 어떤 때라도 헤어지지 않는 피가 섞인 가족이지만, 저 사람은 그렇지 않다. 이혼하면 끝이다. 요즘 이혼을 얼마나 많이 하냐?"

돌아서면 남이 되니 그런 상황이 되지 않게 노력을 해야 할 텐데, 그저 쉽게 생각하고 함부로 행동하는 일이 더 많다.

이럴 때 남편이 중심을 잘 잡아야 하지만, 대부분의 남자들은 집에 가면 유순한 아들, 믿음직한 오빠, 귀여운 남동생이 된다. 결혼한 여자일수록 가정을 지키려고 하고, 남편이 답답하고, 혼자서 노력해야만 하다 지치는 일도 많다. 시댁에서 내 남편을 별 관심 없는 아들로 생각하고 그저 며느리가 알아서 책임져주기를 바랄 때 결혼생활은 가장 편한 것 같다.

하지만 부모의 노후를 받쳐줄 듬직한 아들이며, 용돈 주는 오빠일 때는 또 다르다. 그 집의 기둥뿌리와는 절대로 결혼해서는 안 된다. 이제 그에게도 가정이 생겼음을, 가장으로서 책임져야할 처자식이 생겼음을 받아들이기가 어렵다. 그저 갑자기 굴러들어온 웬 여자와 새끼를 믹여 실리려고 우리 아들만, 우리 오빠만, 우리 남동생만 삐쩍 말라가는 것 같아 그저 아쉽다.

사실 유별난 시월드의 식구들에게 시달리면서 사는 것도 인생의 낭비다. 그들의 환심을 살 수 있는 방법은 선물 공세다. 참 한심하고 속되지만 선물이라도 좀 쥐어주면 싸움을 걸 것도 몇 번 안하고 그냥 넘어가줄 것이다.

때로 그 정도가 지나치면 냉정한 판단도 해야 할 것이다. 시월드의 비논리적 행동은 앞뒤 없이 결혼생활을 위협한다. 하지만 그것에 휘둘리면 가장 손해를 보는 사람은 당사자인 부부다.

시간이 지날수록 서로 가족이 되어 섞이면 가장 좋은데, 수십 년이 지나도 늘 있던 갈등을 그대로도 가까워지지 못했다면 서로에게 손실만 되는 관계다. 하지만 그래도 남편이 착하고 측은해서 살아줘야 한다면, 그들을 보듬어 안아야 할 것이다.

분명히 가족이 맞는데, 남자는 결혼 후에 자신의 어머니와 형제, 자매의 말을 듣고 아내를 저버리면 인생이 이제 하향곡선을 긋는다.

"괜찮아! 네가 어때서? 걔보다 더 좋은 여자 만나면 돼. 너 만날 여자가 줄 섰다!"

얼마나 귀에 익숙한 말인가. 이렇게 위로는 하지만 현실은 냉혹하다. 늙으면서 점점 불쌍해지면 엄마는 엄마 인생을, 여동생은 여동생의 인생을 산다. 정말 도가 지나친 시어머니의 간섭이 싫고 시누이가 경거망동을 하는데도 남편이 그저 눈치만 보고 있다면, 그래서 그냥 확 이혼이라도 하면 당신의 남편이 당신이 가고 난 뒤에 아주 불쌍해진다는 것은 생각해두어야 한다.

의외로 여자들은 이혼해도 잘 산다. 자리를 잡고 못 잡고의 당락은 경제력에 달려 있다. 특히 지켜주고 싶은 사람이 있을 때는 생활력이 넘친다. 자식을 위해서라도 어떻게든 자리를 잡는다. 이혼 후에 경제력이 더 있고 더 많은 재산을 갖춘 남자라도 자신을 이혼을 종용한 가족들에 둘러싸여 살다 보니 늙을수록 허름해질 뿐이다.

소중한 아들이라면, 소중한 오빠라면, 소중한 형이라면, 소중한 동생이라면 지켜줘야 하는데 결혼을 기점으로 달라진다. 그들에게는 결혼으로서 '빼앗겼다'라는 생각을 바탕에 깔았기 때문에 이성적인 판단을 하지 못하는 것이다.

시부모와의 갈등으로 끝내 이혼을 생각하는 경우도, 그것이 아내의 결정이라고 하기 보다는 사실 남편의 결정인 경우가 많다. 피를 나눈 가족끼리는 끈끈하지만 연애로 만난 배우자와는 또 그렇지 않다. 물론 이혼 후 뒷감당을 생각해서 아내를 택하는 남자들도 많다. 여기서 남자의 인생이 갈린다.

결혼을 하고도 가족의 정의를 내리기란 참으로 어렵고, 늙어가면서 초라해지면서 자식에게 원망 듣고, 부모가 죽고 형제들도 각자의 삶을 찾아 떠나면 문득 깨닫게 되지만 대개 그것은 늦다. 아내를 선택한 사람은 무난하게 늙는다.

고부 갈등에 대한 조언도 사실 며느리가 아니라 시어머니에게 해야 맞다.

"그렇게 괴롭히다 나중에 아들이 늙어서 어쩌시려고요?"

"지금 며느리를 쫓아내면 댁네 아들에게 또 사랑이 올 것 같아요?"

"장가를 보내놓고 그렇게 아깝다, 아깝다고 해도 만일 돌아오면 뒤치닥꺼리를 다 해주실 건가요? 평생 원망을 듣고 사실 수 있으세요?"

하지만 항상 조언은 며느리가 구하고, 시어머니는 눈 감고, 귀 닫고, 입 닫는다. 칼자루를 끝내 쥐지 못하고 궁극적인 해결은 하지 못한다. 학교 폭력에서 피해자가 먼저 말하고 가해자는 발뺌하듯이 똑같다. 또한 힘들게 사는 며느리면서 친정에 가서는 못된 시누이가 되는 경우도 많다. 누군가에게 들들 볶이고 사는 것도 인생의 낭비지만, 누군가를 들들 볶고 사는 것은 더 큰 낭비다.

배우자의 삶을
빼앗지 말 것

사람에게 끌리는 순간은 그 사람이 내가 갖지 못한 것을 가지고 있거나 내가 가지고 싶은 것을 이미 가진 사람이다. 내가 필요로 하지만 나에게 결핍되어 있는 것을 가진 사람을 보면 상당한 매력을 느낀다.

매력을 느끼고, 상대방의 마음을 사로잡아서 그렇게 가까이 두고도 어떻게 대하느냐에 따라 관계는 완전히 달라진다.

어떤 사람은 아름다운 꽃을 보면 그냥 꺾어다가 곁에 두기도 하고 어떤 이는 씨를 뿌려서 정성껏 길러서 그 꽃이 오래도록 살도록 하기도 한다.

매력을 느끼긴 했는데, 깊이 들어갈수록 사람의 향기를 맡을 수 없으면 좋은 점만 가져가고 나머지는 버리고 싶은 생각도 든다. 가령 경제적인 이유로 배우자를 만났지만 비위를 맞추는 게 너무 어렵고 만성적인 스트레스에 시달리지만, 눈에 보이는 재산이 아쉬워서 참고 산다고 하자. 그럼 견디다 못해 헤어질 궁리를 해도 이대로 헤어지면 손해라고 여겨져서 재산이라도 챙기고 싶어 한다.

하지만 이혼 절차도 복잡하고 원하는 결과가 나올 확률이 낮으면 그 사람을 정신병원에 가두고 재산을 모두 가로채는 극단적인 경우도 있다.

부부관계 말고도 친구 관계나 직장 관계에서도 사람의 좋은 점만 빼앗아가려는 예가 더러 있다. 항상 자기 이익을 위주로 생각해서 그 이상은 생각하지 못한다. 단순하게 예를 들면, 누군가 두둑한 지갑을 들고 있다면 그 지갑만 빼앗고는 사람은 버리는 격이다.

사람은 배우자를 위해서 살아간다고 생각했을 때 가장 착해진다. 만일 마음속에 기회가 된다면 배우자를 저버리고 혼자 이익을 챙겨서 잘 살 궁리를 한다면 늘 표독해지고 마음 한 구석이 불편해진다. 그만큼 나 하나만 생각하고 사는 것은 어려운 것이다.

사소한 의심에
시달리는 이유

특별한 문제 없이 살아가는 부부인데, 어느 날 아내 혹은 남편은 배우자의 휴대전화 속이 궁금해졌다. 그리고 기회를 봐서 몰래 배우자의 휴대폰을 열어 통화내역과 메시지를 보게 되었다. 어떤 이는 말끔히 모든 것이 지워져 있는 것을 보게 될 것이고, 어떤 이는 수상한 메시지를 발견할 것이고, 어떤 이는 별반 특이한 점을 찾지 못하게 될 것이다. 사건 수사를 할 때도 그 사람의 전화기부터 추적

하는데, 누구와 연락을 자주 했고 통화 빈도수의 시간이 얼마나 되는지는 그 사람의 생활을 알 수 있는 중요한 행적이 된다.

하지만 대개 배우자의 전화기는 뒤지지 말라고 한다. 공연히 의심하여 뭔가를 보게 된들 뚜렷하게 마음이 편해지는 것은 없고 더욱 의심만 커지고 결국 서로에게 손해가 되는 사단만 만들어내기 때문일 것이다.

안 좋은 일이라면 차라리 모르고 지나가는 것이 좋다. 알면서 모르는 척하는 것은 어렵기 때문에 차라리 처음부터 아무것도 모르는 것이 마음만은 가장 편할 것이다. 뭔가를 알기 시작하면 파헤치기 시작하면 그런 과정에서 모두가 상당한 진통을 겪는다. 하지만 바보처럼 아무것도 모르고 살면, 어느 날 갑자기 휩쓸려오는 위기에 속수무책일 것이다.

특이한 점 없이 평온하게 살고 있는데, 배우자가 숨겨둔, 내가 모르는 사생활이 궁금한 것이 생긴다면 그것은 대개 상대방으로부터 신뢰감이 결핍되었기 때문이다. 저 사람은 지금 웃고 있지만, 나에게 충분히 잘 대해주고 있지만, 겉으로는 멀쩡하지만 내가 모르는 무엇인가가 있을 거라는 막연한 의심이 들 때가 있다. 별 일은 없지만 왠지 믿음이 안 가고, 그것이 어떤 불안을 만들어내기 때문에 눈으로 확인하여 그 불안감을 해소시키려고 한다.

설령 모호한 의심에서 시작하여 뭔가 수상한 행적을 발견했다고 해도 "아! 이 사람과 헤어져야 겠다!"고 강단 있는 결단을 내리기가 어렵다. 의심을 한다는 것은 애초에 사단을 내기 위해서가 아니라 안정을 위한 것이었기 때문이다. 특정한 누군가와의 지나친 통화 내역, 다른 이성과 낯 뜨거운 애정행각을 발견해서 그것을 배우자에게 들이밀어도 그것이 배우자와 헤어지기 위해서가 아니라 배우자가 잘못을 인정하고 사과를 하고 용서를 빌기 바래서이지, 그것으로 이혼할 자신은 없다. 삐걱거리는 모든 위기를 해소하고 평안한 안정으로 들기 위한 간절한 바람인 것이다.

반면 외도를 들킨 배우자가 당황하기는커녕 적반하장으로 "이왕 이렇게 된 거 헤어지자!" 라고 나온다면, 역으로 유책 배우자는 이혼을 요구할 수 없다며 반론을 펼친다. 처음에 먼저 긁어 부스럼을 만들 때는 언제고 이혼만은 싫다고 매달린다. 때린 사람은 당당하고 맞은 사람이 사과하는 기이한 풍경이다. 이처럼 뻔뻔한 배우자를 둔 사람일수록 스스로 막연한 의심에 사로잡히고 스스로를 괴롭히기도 한다. 언제라도 나를 저버리고 새로운 삶을 꾸릴 것 같은 사람, 내가 아니라도 얼마든지 다른 사람이 채어갈 것 같은 사람과 살고 있으면 더욱 그러하다.

일부러 헤어지고 싶어서 어떤 꼬투리를 잡기 위해서 배우자의 전화기 속 사생활에 궁금해하지 않는다. 의심이란 무의식적으로 자극이 되는 신뢰감의 결핍에서 기인하고, 그러한 직감은 때로 여지없이 들어맞기도 하다. 병이 자랄 때 몸이 아플 때처럼 무언가를 예고하는 신호다.

상대방이 나를 믿는지, 믿지 않는지는 상대방이 먼저 알아차린다. 상대방도 내가 자기를 믿어주면 마음 편하게 대한다. 그것은 무언의 응원이 된다. 하지만 내가 늘 믿지 않고 불안하게 생각하면 함께 불편해진다.

의심은 헤어질 자신이 없는 사람, 혼자가 될 자신이 없는 사람이 하는 것이다. 헤어져야겠다고 마음먹은 사람은 어떻게든 꼬투리를 잡는다.

외도를 하는 이유

어떤 식으로든 외도는 나쁘다. 전적으로 저지른 사람이 나쁘다. 그럼에도 역사적으로 유서가 깊고 주변에서도 흔히 일어나고 있는 어쩌면 친숙한 것이다.

외도한 배우자를 받아들이고 함께 산다는 것도 말처럼 쉽지 않다. 외도의 뒤끝은 매우 오래간다.

어떤 이는 외도한 상대와 지속적인 내연관계를 유지하는 경우가 있고, 어떤 이는 일회성 외도를 저지르기도 한다. 어떤 이는 배우자에게 애인이 바뀌는 것을 수수방관하며 살아가기도 한다.

외도는 부도덕한 행위지만 일종의 심리적 표출이다. 배우자에 대한 분노. 배우자에 대한 강한 불만의 표시다.

누구나 자신의 모습의 모습을 거울로 되비쳐보는 데는 소홀하고 대신 배우자에게는 까다롭게 이것저것 바라는 것이 많다. 하지만 배우자가 내가 원하는 것을 들어주지 않거나 작은 노력조차 하지 않는다면 섭섭하고 무시당한 기분이 드는데, 그럴 때 그것을 해소할 돌파구를 찾게 된다.

간혹 굉장한 미인 아내를 둔 남자가 아주 못생긴 여자와 바람을 피우기도 한다. 또한 사회적으로 매우 성공한 지적인 아내를 둔 남자가 백치미의 여인과 바람을 피우기도 한다. 경제력이 충분한 남편을 둔 남자가 직업도 없는 남자와 바람을 피우기도 한다.

예쁜 여자는 자기가 예쁘다는 것을 인지하고, 똑똑한 여자는 자신이 똑똑한 것을 꿰고 있지만 때로 그것을 과시하면 매력이 반감되어서 거부감으로 다가온다. 과시는 상대방으로 하여금 마음에 구멍을 만든다. 그런 반면 칭찬은 상대방으로 하여금 강한 의욕을 불러일으키고 기를 세워준다.

　소위 우월한 배우자 옆에서 항상 기죽어서 그 사람의 룰 대로 살아가야 한다면, 마음 속 깊이 반발심이 생겨나게 된다. 그런데 휘두르고 사는 사람들은 그 고통이 무엇인지 잘 알지 못한다. 외도는 새로운 사람을 사랑한다는 뜻이 아니라 배우자로 하여금 "네가 싫다."는 표시다. 서로 어긋나기 시작하면 건강한 육체에도 불구하고 잠자리에서도 즐거움이 사라진다.

　외도를 방지하는 방법 중에 하나가 그 사람의 행적을 쫓아다니고 의심하는 것이 아니라 상대의 마음을 잘 읽어주는 것이다. 소통이라는 것도 마음을 먹고 시간을 내서 적극적으로 임해야 가능한 것이다. 서로 좁힐 수 없는 거리감을 느끼고 일회성 외도를 저지르다가 어느 날 한 애인에게 아주 꽂혀서 결혼 생활에 종지부를 찍는 경우도 있다. 그 사람이 그러한 극단적인 선택을 하게 된 배경에는 연인이 대개 자신의 마음을 잘 알아주고, 나를 격려해주고, 달콤하게 위해주기 때문이다. 하지만 그러한 끌림이 속궁합이 잘 맞아서 그렇다고 오해하기 쉽다.

　배우자에게 다른 사람이 대신할 수 없는 나의 자리를 만든다는 것은, 배우자가 내 마음을 알아주길 바라는 것이 아니라 먼저 기분을 읽고 그 사람이 필요로 하는 따스함을 제공하는 것이다.

무언가 말 좀 하려고 하면 "아, 시끄럽다!"라고 말을 잘라버리는 것이 아니라 편을 들어주고 이야기를 들어주는 것이 중요하다. 나의 기분을 거스르고 나의 생각과 다른 말을 한다고 해서 말문을 닫아서는 안 된다. 나를 과시해서 상대를 다루기 쉽도록 길들이려는 것이 아니라 그 사람에게는 편안하고 녹아들 수 있는 사람이 되어야 한다.

폭발하지 않는 법

어떤 대인 관계든 자주 부딪히면 쌓이는 것이 있다. 관계의 종말을 의미하는 것이 바로 폭발이다. 더이상 참지 못하고 감정적으로 폭발을 해버리면 그 관계는 대부분 끝이 난다.

사람 사이의 분위기란 한번 삐끗하면 그 다음부터는 꼬이기 시작한다. 그러니 처음부터 상대방의 기분이 상하지 않도록 조심하게 된다. 그래서 귀에 거슬리는 말을 들어도 못 들은 척, 괜찮은 척 자기 자신을 내리누르고 대하기 쉽다. 싸움이란 늘 피곤하기 때문이다. 기분이 상한 다음에는 대개 단점 위주로 보이고 꼬투리 잡기 바빠진다. 상대방과 좋은 감정을 유지할 때 대화라는 것도 수월하게 되는 것이다.

그렇게 못 들은 척, 아무렇지도 않은 척 견디다 보면, 상대방으로 하여금 적절한 피드백을 줄 수 없게 된다. 그러면 상대방은 눈치 없이 자신의 행동을 고치지 못하고 점점 더 심해지는 경향이 있다.

누구나 거절이나 싫은 소리 앞에서는 머뭇거린다. 그것이 행여 좋은 대인관계를 그르치기 때문이다. 뒤늦게 영업사원이 된 친구가 자꾸만 물건을 사게 한다면, 그것을 어떻게 거절해야 할지 몰라 당황하기도 한다. 자꾸만 선물을 요구하는 시댁 식구가 부담스럽지만, 잘 지내기 위해서 꾹 참고 있기도 한다. 순간순간 모면하면서 위기를 피해가지만, 어떤 싫은 상황에 직면해서 그것의 본질적인 문제가 해결되지 않으면 크게 스트레스를 받는다.

누구든지 자신에게 처해진 가장 아픈 골칫거리에 관해서는 정확하게 파악하고 있다. 자신을 힘들게 하는 사람과 유연한 대인 관계를 유지하기 위해서 애써 참고 스트레스에 시달리기도 한다. 하지만 그것이 점점 심해지고 큰 고통으로 다가올 때는 마침내 폭발해 버리기도 한다.

타인을 대한다는 것은 그 사람에게 피드백을 준다는 것을 의미한다. 타인은 나를 만나서 자신의 이야기를 하고, 나를 통해서 자기 자신을 발견하고자 한다. 내가 하는 반응은 그 사람에게는 중요한 것이다. 그런데 내가 꾹 참고 아무 표현을 못한다면 그는 나를 통해서 자기 자신에 관해서 조금도 발견하지 못한다.

마음에 안 드는 일이 생기면, 감정을 드러내지 않고 그 사람에게 조근조근 자신의 생각을 전할 수 있어야 한다. 너무 길지 않게 자신의 생각을 간결하게 표현해야 한다. "어떻게 사람이 자기 할 말을 다 하고 살 수 있느냐?"고 반문하는 경우도 더러 있을 것이다. 정말 상대방에게 무조건적인 수용을 100% 바라는 경우라면, 차라리 그 사람과는 헤어지는 것이 마땅하다. 대개 먼저 이야기를 잘 들어주면 그 사람도 나의 이야기를 잘 들어준다.

나의 생각을 타인에게 이해시키는 것은 결코 쉽지 않다. 이것에 능숙하지 못한 사람이 대인관계를 어려워한다. 타인들은 대개 자신이 원하는 것을 들어주는 사람을 좋아하고, 자신의 욕심대로 행동한다. 나는 인기를 유지하기 위해서 싫어도 참고 타인들의 니즈에 맞추면서 인기를 유지하려고 하기도 한다. 하지만 그것으로는 절대로 스스로 행복해질 수 없다.

불만이나 고민거리는 현실적으로 완전히 없앨 수가 없고 다만 그것이 순환할 수 있는 길이 있어야 한다. 왜냐하면 절대로 없어지지 않기 때문이다. 때로 나의 피드백이 상대방을 불편하게 할 수도 있겠지만, 인연이라는 끈으로 스스로를 옥죌 필요는 없다.

가정폭력

부부 불화의 문제 중 가장 큰 문제는 가정 폭력이다. 대부분의 가해자는 남편이며 피해자는 아내와 아이들이다. 한때 매 맞는 남편들의 문제가 화두로 떠오르기도 했지만, 먼저 기선제압에 성공한 쪽이 가해자가 된다.

나쁜 습성 중에 하나가 타인에게 어떤 일을 시키는 습관이다. 스스로 책임감을 가지고 일처리를 처음부터 끝까지 하지 못하고 사람들의 머리 위에 올라서서 '이 일하라', '저 일 하라' 시키는 것이다. 또한 그런 사람들이 결과가 좋으면 모두 자신의 공으로 생각하지마나, 그렇지 않으면 그 일의 결과에 대한 책임을 타인에게 전가시키기도 한다.

시키는 것이 몸에 배면 주로 자기가 하기 싫은 일을 타인에게 미루는 버릇도 생긴다. 하지만 이것을 지휘나 리더십이라고 생각하고 또한 시키는 사람 입장에서는 매우 편리하기 때문에 문제점을 인지하기가 어렵다.

손찌검을 하고 언어폭력을 한다는 것은 상대로 하여금 내가 시키는 대로 복종하게 만들기 위한 방편이다. 폭력이라는 단순한 문제를 떠나서 상대의 인격이나 의견을 조금도 존중하지 않고 군림하려고 하는 것이다. 이러한 성향은 부부문제뿐만 아니라 친구관계, 동료관계에서도 있는 일이다.

가정폭력은 한번 용인하면 이제 수두룩하게 반복이 된다고 보면 된다. 때리고 가해하는 사람은 자신의 모든 행동을 피해자의 탓으로 돌리기 때문에 그 폭력의 강도는 시간이 지날수록 강력해진다.

겉으로는 아빠, 엄마, 아이들이라는 정상적인 가정을 이루고 살지만 남들 모르게 심각한 가정 폭력에 시달리게 되면 아이들이 가장 상처를 받는다. 특히나 지독한 가정폭력으로 인해서 엄마가 가출이라도 하면 아이들이 받는 고통은 가히 가혹하다.

아이들은 이러한 성장과정에서 가해하는 부모에 관해서 비판적이거나 그대로 닮아버리거나 두 가지 중 하나이다. 그러나 쉬쉬하는 것이 안타깝다. 문제 삼으려면 별거나 이혼 등을 고려해야 하고, 그대로 결혼생활을 유지한다고 해도 남들 이목이 신경 쓰이기 마련이다.

사람은 누군가를 때리고는 아무것도 깨닫지 못한다. 그게 잘못인지도 잘 모른다. 특히나 여자나 아이처럼 힘없는 존재를 때리는 남자는 더욱 그러하다.

하지만 맞는 사람은 정말 많은 것을 깨닫는다. 때리는 사람은 생각이 없어지고 맞는 사람은 생각이 많아진다. 폭력을 쓴다는 것은 상대를 내 마음대로 조종하기 위한 방편이다.

상대방의 눈치를 보지 않고 절대적으로 나에게 따르기를 원하는 이기심으로부터 비롯된다. 상대방에게 철저히 제압 당하면 폭력적인 상황은 피해갈 수 있을지라도 절대로 행복해질 수는 없다. 진심으로 서로 아껴주거나 사랑하는 일도 없을 것이다. 손이 올라가기 전에 먼저 타인은 내 마음대로 움직이게 할 수 없다는 것을 생각하고 존중하는 자세가 필요하다.

사람들의 머리 위에 올라가서 사람들에게 군림하면서 이 일, 저 일 시키면서 내가 시키는 대로 상대방이 하도록 만드는 버릇은 그것은 절대로 리더십이 아니다. 리더십은 발 아래에 있다. 자기 일은 스스로 하고, 다른 사람들이 안하는 일을 먼저 하고, 다른 사람들을 도우면서 발현되는 것이 리더십이다. 존경받지 못하는 리더십은 리더십이 아니다.

121

근거없는 의심으로
배우자를 괴롭히는 이유

　　종종 배우자를 밑도 끝도 없이 의심해서 괴롭히는 경우가 있다.

물론 배우자에게 잘못이 있는 경우도 있다. 하지만 지금 당장 잘못

이 없는데도 끝없이 의심하면서 몰아세운다. 대개 외도 문제로 벌

어진다.

　　정말 한 눈 판 적이 없는데도 배우자가 의심하면, 대개 그것을 의

부증이나 의처증이라고 해서 그 사람을 정신적으로 문제가 있다

고 몰아가기 쉽다. 부부간에 애정이 고갈되면 서로 싸우면서도 말이 안 통하는 것을 느끼고 그럴 때 "정신적인 문제가 있다!"라고 표현하기가 쉽다. 즉, "정신적으로 문제가 있다", "정신병자"라는 말이 나왔다면 이미 관계는 바닥을 쳤고 조금도 상대방을 이해할 여지를 두지 않고 애정이 완전히 고갈이 되었다고 보면 된다.

설령 심리적으로 이상한 점이 있다고 해도 애정이 있고 내가 꼭 필요한 사람이라면 오히려 그것을 감추어주려고 할 것이다. 또한 배우자를 이용하거나 도구적 존재로 생각한다면, 자신의 기대치가 채워지고 나면 쉽게 그러한 말을 할 수도 있다.

배우자에게 한없이 의심받는 것을 견디는 것도 고달프다. 아무리 항변을 해도 별의별 꼬투리를 다 잡아서 외도의 증거를 잡겠다고 나서면 몹시 곤란하다. 대개 의처증이나 의부증을 가지고 있는 경우는 과거에 어떤 문제가 있었다는 데 주목할 필요가 있다.

과거에 배우자가 외도를 했고 어쩔 수 없이 그 이후에도 함께 살아가지만 마음 속 깊이 용서하지 못했을 때다. 현실적으로 마음으로 용서하지 못하고 그저 참고 넘어가는 건 많다. 시간이 지나면 풀려야 하는데 결코 풀리지 않아서 그러하다.

지금 나는 용서가 안 되고, 앞으로도 용서가 안 되고, 이 사람이 마음에 안 들고, 헤어지고 싶은데 지금 당장의 명분이 필요한 것이다. 그것이 바로 꼬투리다. 일상 생활의 작은 것도 그냥 지나치지 못하고 외도와 결부시키면서 그 사람을 몰아세우고 인생에서 뽑아 내버리고 싶은 욕망이 기본적으로 깔려 있기 때문이다.

"아니, 댁네 배우자를 누가 탐한다고 그래요? 무슨 매력이 있어서요? 아무도 안 탐하니까 걱정 마세요." 누군가 내연으로 의심받으면 이렇게 항변할 수 있다. 외도 문제에 집착한다는 것은 그 배우자를 사랑해서가 아니라 기본적으로 미워하기 때문에 집착한다. 원래 사랑이라는 속설이 용서를 끌고 들어오고 시간 지나면 스스로 자체 정화가 된다, 하지만 점점 더 변주되고 왜곡되어서 덩치를 키운다는 것은 그것은 미움과 분노에 가깝다고 볼 수 있다. 상대방의 배신으로 인해 언젠가 버림받을 지도 모른다는 막연한 두려움이 역으로 발휘되는 것이다.

과거에 배우자가 외도하지 않았음에도 의부증이나 의처증으로 가족들과 자기 자신을 괴롭히는 경우도 있다. 이 경우는 지난 날 살아오면서 배우자가 나에게 큰 실망과 고통을 안겨주었기 때문이다. 그것에 벗어나지 못하고 계속해서 고통 받으면 그것이 배우자에 대한 의심으로 번져나간다.

배우자가 근거 없이 외도를 의심한다면, 내가 그 사람에 상처를 준 것이 무엇인지 생각해보고 그것에 대한 진정성 있는 사과를 하면서 서로간의 관계를 풀어가야 한다. 아내가 고된 시집살이를 하는데도 그저 본가의 편에 서서 모르는 척하지 않았던가? 남편이 싫어하는데도 다른 남자와 어울리지 않는가. 아내가 혼자 돈을 벌어 생계를 유지하는 동안 가족을 부양하지 않고 그저 집에서 취미생활만 하지 않았던가.

만일 그렇지 않고, 그저 당장의 외도에 대한 항변만 해서는 문제가 해결되지 않는다. 일일이 앞뒤를 설명해봐야 믿지도 않는다. 마음이 풀어져야 대화도 되고, 설령 지난 날의 과오가 있다고 해도 너그럽게 정리할 수 있는 것이다.

현실과 동떨어진 의심은 서로 사랑하지도 않고, 원망스럽고, 미우면서도 억지스럽게 가족이라는 울타리를 만들어서 살아가야 하기 때문에 생기는 심리 반응이다. 막상 헤어질 용기도 없고 혼자 살아갈 마음의 준비가 안 되었음 만큼 연약하면서 함께 하는 동안 배우자를 괴롭히는 것으로 자신의 마음을 채우는 것이다.

비단 외도 문제뿐만 아니라 배우자로부터 신뢰가 떨어지면 아주 사소한 것에도 시달리게 된다. 잘 잊지 못하고 잘 스쳐가지 못한다. 그 사람과 헤어져야 하는 백가지 이유를 찾게 만드는 것도 그 사람에 대한 분노 때문이다. 의심을 품는 사람들은 대개 힘들게 살아온 사람들이다. 그리고 자신이 고생한 이유로 배우자 때문이라고 생각한다.

마음 속의 의심을 품고 산다는 것은 스스로에게 가장 독이 되는 일이다. 가장 아프고, 힘들고, 고독했던 기억과 이별하는 것은 다른 사람을 괴롭히면서 얻어지는 것이 아니다. 스스로가 비우면서 잊으면서 얻을 수 있는 것이다.

이혼하고 싶을 때

자주 같은 문제로 싸우고 말이 통하지 않고 게다가 나의 기대를 저버리고 실망시켰을 때 차라리 이혼해버리고 혼자 살고 싶을 때는, 분명히 있다. 그것은 배우자를 만만히 봤을 때, 함께 산다는 것이 짐스럽게 느껴질 때, 나는 너 없이도 조금도 아쉬운 점 없이 편안하게 잘 살 수 있다는 이기적인 생각이 바탕에 깔려 있기 때문에 가능하다.

부부가 살다보면 이혼할 수도 있다. 아직 현실적으로 부부 지간의 쿨한 이별은 없다. 재산을 둘러싸고 팽팽하게 싸우기 마련이고 자기 이익만 생각하고 상대방 입장은 고려하지 못한 채 감정의 밑바닥까지 가서 갈라서기 때문에 이혼이 더 큰 문제가 된다. 충분히 인생에 대한 보상을 한다면, 이혼하고도 원수가 되는 일은 없을 것이다. 그런데 상대방의 입장은 조금도 고려하지 않고 그저 자기 편한 방식으로만 생각해서 이혼하려는 경우가 참 많다.

매일매일 살면서 만일 어느 날 이혼을 한다고 해도 인생의 큰 풍파가 없을 정도로 자신의 삶을 점검하면서 살아가야 한다. 배우자를 믿는다는 것이 그만, 자기 스스로에 대한 안일함으로 변질되기가 십상이다. 이것은 이혼에 대한 준비를 하라는 뜻이 아니며, 믿음과 신뢰라는 이면에 스스로 놓치는 것이 무엇인지 생각해보라는 뜻이다. 어쩌면 그러한 노력이 배우자를 감동시킬 수 있고 금슬을 더 좋게 만들어줄 수도 있을 것이다.

이상하게도 부부지간에 싸우고 문제가 있었던 것은 10년이 지난 뒤에도 회자가 된다. 내 짝이라는 저 사람이 내 편이 안 되어주고 나의 적수로 돌아선 적이 있다면 평생 머릿속을 걸리적거리며 남아 있을 것이다. 문제가 되었던 것은 그것이 화해로 이어졌다면 빨리 빨리 정리해서 버려버려야 한다.

만일 이혼을 앞두고 있다면, 가장 열심히 살펴야 하는 것은 배우자가 어떤 모습이냐는 것이다. 그가 만일 초라하고 돈도 없고 혼자서 살아가기에 어려움이 있는 불쌍한 모습이라면 이혼해서는 안 된다. 그런데 정말 많은 부부들이 이런 문제로 헤어진다. 조금도 도움이 안 되고 짐만 될 것 같아서 헤어지지만, 그렇게 도망쳐서도 장밋빛 미래는 없다.

반대로 배우자가 잘 나가고 돈도 잘 버는 입장이라면 그 사람이 이혼하자고 한다면 이혼해도 좋다. 왜 이런 사람 놓치지, 싶어도 어렵사리 성공해서 안하무인한 사람에게는 사실 내리막길밖에 없고 그 내리막길에 동행하는 길동무밖에 안 된다. 적어도 내가 누군가를 떠날 때는 그 사람이 잘 먹고 잘 지내고 잘 산다면 나중에 그 이별을 후회할 일은 없다.

내가 아쉬워서 억지로 붙드는 것치고 그것이 행복이 되는 것은 없다. 하물며 초라한 나를 떠나버린 사람에게 미련을 가질 필요도 없다.

차이는 사람이 좀 불쌍하긴 하지만, 큰 시야로 보면 먼저 헤어지자고 한 사람보다도 차인 쪽이 낫다. 그 어떤 미련도 가질 필요가 없고 그 관계에서 어떤 가해적인 입장이 아니기 때문에 걸리는 것이 없다.

남녀가 만나 결혼을 하는 것은 그 바탕에 엄청난 성욕이 존재한다. 아무리 이런 저런 조건이 존재한다지만, 실로 그 존재감은 얼마 안 된다. 결혼의 정점은 성욕이다. 성욕을 해소하고 현자타임이 오면, 그때부터는 그저 한 인간으로서 얼마나 자신과 맞느냐에 걸려 있다. 성적으로는 불타오르지만, 말은 엄청 안 통하는 경우가 더러 있다.

시간이 지나면 성욕은 죽고 말은 여전히 안 통해서 힘들다. 말이 안 통하고 나를 존중해주지 않는 사람일수록 말로서 승부해야 한다. 똑같이 말하고 똑같이 대응해서는 그 어떤 성과도 볼 수 없을 것이다. 상대방과는 다른 말투, 다른 태도, 다른 내용으로 접근해야한다. 사람을 대하는 영업, 서비스 종사자들이 어떤 화술을 가지고 사람을 대하는지 관찰해보는 것도 좋다. 감정 노동이라니, 이렇게

까지 해야 하나 싶을 정도지만, 문제를 풀어가기 위해서는 어쩔 수 없다. 나는 신입 초입, 말 안 듣는 배우자는 VIP 진상 고객이라 생각하면 없던 인내심도 조금은 만들어낼 수 있을 것이다.

어떤 문제가 생기면 그것을 함께 고민하고 서로를 위한 선택을 하지 못하고 그저 혼자만 잘 살겠다고 이혼을 떠올리기도 하겠지만, 이 세상 인연이라는 것이 절대로 헤프게 주어지지 않는다. 끝끝내 결혼하지 못하는 사람에게도 진짜 인연이 될 뻔한 사람이 언젠가 있었다. 그런데 그 사람을 놓치고 나서 다시 그런 사랑이 오지 않은 것이다. 결혼한 사람도 마찬가지다. 한번 이혼하면 또 새로운 인연이 올 것 같지만, 쉽지는 않다. 설령 재혼한다고 해도 그 기대에 미치지는 못할 것이다.

배우자는 짐이다. 내가 필요로 하는 물건들이 모두 들어있는.

이혼하자는 말은 금물

어떤 때라도 이혼하자는 말은 하지 말아야 한다. 아무리 화가 나고 다 그만둬 버리고 싶어도, 차라리 욕은 할지언정 이혼하자는 말만은 해서는 안 된다. 그것이 감정에 욱해서 뱉어낸 빈말이라고 해도 그 말을 들은 사람은 화해한 후에도 마음에 묻어두게 되어 있다. 결별을 언급한다는 것은 그만큼 큰 의미를 가지고 있다.

평생을 함께할 것이라고 믿었는데 '이혼하자'라는 말을 들으면 삶이 뿌리째 흔들리는 것을 절감하게 된다. 때때로 이혼이 닥쳤을 때의 상황이나 이혼한 뒤의 일을 상상하게 된다. 그러면 언제라도 헤어질 수 있는 사이라고 생각하게 되고, 중요성을 잃어가기 때문에 여러 면에서 정성이 떨어진다. 인생 헛 살은 기분까지 든다. 언제라도 해고될 회사에서 역량을 다해 일하기는 어렵듯이 말이다.

가정을 이룬다는 것은 나 자신보다도 가정을 다 우선으로 두고 살게 된다는 것을 의미한다. 그만큼 나를 희생하고 가족을 더 사랑하고 아끼면서 살아야 하는 것이다. 그런데 상대방이 관계를 깰 수 있음을 시사한다면, 나도 나 살길 찾아서 갈 궁리를 하게 된다. 그렇게 가족보다도 나 자신을 우선으로 생각하면서 살게 된다.

물론 이혼하자는 말은, 갈등이 최고조에 이르렀을 때 초강수로 사용될 수도 있다. 부부관계에서 상대방이 더 이상 용납할 수 없는 행동을 할 때 마지막 말로 사용될 수 있다. 그런데 남용해서는 안 된다. 누군가가 떠나가는 것이 두려워하면서 사는 사람은 자신이 먼저 떠나게 된다.

"당신은 내 삶에 없어서는 안 되는 사람이야."

"당신이 없으면 나는 뭘까?"

"당신이 있어서 참 다행이야."

나 자신이 누군기에게 큰 의미가 된다는 것은 그 자체로도 큰 보람을 느끼게 된다. 마음속에 하고 싶은 일에 대한 꿈까지도 접을 만큼, 사랑하는 사람을 위해서 살게 된다.

사람은 누구나 꿈이 있지만, 사랑하는 사람들을 위해서 그 꿈을 접고 산다. 왜냐하면 사랑하는 사람이 꿈이 되었으니까.

당신이 지금
그 사람을 버리면
언젠가
그 사람은
초라한
당신의 모습을 보면서
당신을 지켜주지 못한 것을
안타깝게 생각하게 될 거에요.

이별에 관한 예의

오랜 세월 동고동락했던 배우자가 어느 날 갑자기 깊은 병에 걸렸다면, 어떻게 해야 할까?

사람들은 대개 이별을 두려워한다. 상대방이 떠나갈 때도, 또한 상대방을 떠나려고 마음먹을 때도 부담감을 느낀다. 냉정한 선택으로 상대방을 버린 후에도 인생이 잘 풀리지 않는 경우가 더러 있는데, 버림받은 사람이 품은 한 때문이 아니라 자신을 소중하게 생각하고 필요로 하는 사람을 저버렸던 경험에서 나오는 죄책감에서 기인한다. 하나도 안 미안한 척 뻔뻔스럽게 행동하고 말할지 몰라도 마음 속 깊은 곳에 숨겨진 자신만의 진실까지는 속이기가 어렵다. 그래서 사람은 자신의 마음에 안 든다고, 눈에 차지 않는다고, 단순한 변덕으로 함부로 내치면 안 된다.

누군가를 버렸다는 데이터가 나도 모르게 내 무의식에 겹겹이 쌓이고 결국 나는 나 자신을 벌주게 된다. 누군가를 저버리고 버린 사람은 대개 자신의 목표와 멀어지고 행복과도 동떨어지게 된다.

어쨌거나 앞으로 계속 함께 할 수 없는 상황이 주어지면, 마지막 순간까지 안타까워하면서 함께 하는 부류가 있는가 하면 비관적인 전망이 확실시되는 순간 무척 냉정해져서 아직 그 사람이 떠나지도 않았는데 성의없이 행동하는 경우가 있다. 이별 중에 가장 가혹한 것이 사별이다. 가령 배우자가 큰 병에 걸려서 오래 살지 못할 경우 어떤 이는 마지막 날까지 극진히 간호하며 살 길을 찾아오는 경우가 있는가 하면, 아픈 순간 나 몰라라 모르는 척하며 오히려 평소 안

하던 여행이나 취미를 즐기는 등 어처구니가 없는 행동을 하는 경우도 있다. 심지어 아직 죽지도 않았는데 벌써부터 새로운 배우자를 알아보기도 한다. 주변에서 비난해도 좀처럼 자신의 행동을 돌아보지 못한다.

누군가를 떠나보낸다는 것은 스트레스다. 설령 그 사람이 싫다고 해도 함께 얼굴을 보고 이야기를 나누고 정서를 교류한 적이 있다면 그 사람과 공간적으로 분리되는 것은 스트레스다. 슬픔을 이성적으로 받아들이고, 자신의 삶에 후회 없이 충실한 사람은 그 슬픔에 관해서 솔직하다. 떠나는 사람이 편히 갈 수 있도록 마지막 순간까지 함께 해준다. 그 사람이 떠난 이후에 관해서는 함께 있는 동안 생각하지 않는다. 그건 그때가서 생각할 일이다.

하지만 헤어지는 것이 두렵고 무서운 사람은 혼자가 되는 것에 큰 부담감을 느끼고, 어서 빨리 그 공포 속에서 벗어나고자 한다. "이 사람이 떠나면 나는 어쩌지?" 배우자가 떠나간다는 의미보다도 스스로가 혼자된다는 것에 더 중점을 둬서 생각하기 때문이다.

차라리 새로운 대상이 생기면 지금 겪는 상실감을 덜어낼 수 있다고도 생각한다. 현재를 잘 정리하지 못하고 섣불리 시작하는 새로운 삶은 오히려 꼬이고 상처받는 일이 많다. 수많은 사람 속에서 옥석을 구분할 만큼 판단력을 갖추지 못한 시기이기도 하다. 대부분 새로운 인연의 문제가 아니라 스스로에게 그 본질적인 문제가 있다.

헤어지는 순간, 떠나가는 순간을 잘 정리하지 못하는 것은 겁쟁이이기 때문이다. 두려움이 너무 커서 현실에 충실하지 못한다. 하지만 제대로 떠나보내지 못하면 아무것도 정리할 수가 없다. 얄팍한 수를 내어 도망을 치면 그 순간은 가뿐할지 몰라도 언제나 그 사람의 빈자리를 떠안고 살아가야 한다.

누군가를 떠나보낼 때는 할 수 있는 데까지 배웅해주는 것이 좋다. 그 사람이 보이지 않을 때까지 손 흔들어주는 것이 좋다. 그러면 마음 따뜻하게 잊을 수 있다. 홀가분하게 혼자가 될 수 있다. 차분히 혼자가 되어서 앞으로 어떻게 할지 이성적으로 생각해볼 수 있다. 성급하게 무엇을 시작하지 않을 수 있다.

03

아무리 힘들어도
당신의 손을 놓지 않아야 하는 이유

어떤 때라도
관계는 포기하지 말 것

사람들끼리 어울리면 누구나 부딪히게 되어 있다. 피를 나눈 부모 자식 간에도 형제 간에도 생각이 달라서 때로는 반목하기도 한다.

공감대와 관심사가 같으면 친해지기 쉽다. 그래서 가까이 있는 사람 보다 카페나 블로그 등을 통해서 관심사와 취향이 비슷한 사람들끼리 말이 더 잘 통하고 유쾌하게 지내기도 한다.

부부 지간에도 공감대와 종교관, 가치관, 교육관이 비슷하면 좋다. 그런데 현실적으로 미혼일 때 나에게 딱 맞는 사람을 찾으려면 그것이 가능하기나 하겠는가. 설령 나와 딱 맞는 사람이 있다고 해도 그 사람은 이미 애인이 있거나 결혼을 했거나 나에게 관심이 없을 수도 있다.

남녀 간에 가장 중요한 것은 강한 끌림이다. 공감대가 달라도 가치관이 전혀 달라도 강력한 끌림이 있으면 인연이 된다. 대개 성욕을 기반으로 하며, 때로는 자신과 전혀 다른 매력에 빠지기도 한다.

세상에서 가장 이기적인 것은 나의 생각에 상대방이 맞추도록 종용하는 것이다. 그러면 나는 사는 게 편안하기 때문에 게으를수록 이런 행동을 한다. 그만큼 내가 상대방에게 맞춰주기란 어려운 것이기도 한다.

남녀간의 뜨거운 성욕과 호르몬, 뇌신경전달물질에 의한 강력한 끌림은 언제나 만기기한이 있어 그것이 끝이 나면 서로에 대한 간절함이 무디어지고 서로 각자 분리가 되면서 생활의 사소한 습관까지도 부딪히다 쉽다. 어떤 골칫거리 문제가 있어도 사실 속궁합이 뜨겁다면 다 묻어지는 경우도 있다.

사랑이 우정이 되고 의리가 되면서 연인이 가족화가 되면, 대화가 통화지 않을 때 가장 답답함을 느낀다. 여자처럼 수다를 잘 떠는 남자라도 여자와 대화를 하라면 어려움을 느낀다. 아주 오래 전에 서운했던 것을 아직도 들먹이고 아무리 설득을 해도 언제나 대화가 원점으로 돌아갈 때는 발암물질처럼 여겨지기도 한다. 그래서 대화를 피하고 말문을 닫아버리고 자기 편한대로 행동하는 남자를 볼 때면 여자는 살아가는 낙을 잃는다.

세상에 싸울 꺼리를 꼽자면 무궁무진하다. 네가 맞네, 내가 맞네 옥신각신해 봤자 서로 피곤해지기만 한다. 차라리 이토록 머리 아플 때는 그냥 이 사람과는 끊어버리는 게 속편하다고 생각할 수도 있다. 성질에 못 이겨 사람을 버리는 것이 버릇이 되면, 어느 날부터는 버리는 입장이 아니라 늘 버림받는 입장이 된다. 죄는 미워하되 사람은 미워하지 말라고 한다. 어떤 문제가 있어도 그 문제가 꼬인 것이지 그 사람을 싫어해서는 안 된다.

어떤 어려운 문제를 접하고 그것을 푸는 어려움을 느껴서 그 문제를 해결하는 것은 포기해버리고 사람 사이의 관계를 단절하는 것으로 결론 짓는 것은 옳지 않다.

사람을 끊어버리면 뭔가 해결된 기분이 들어서 한번 습관을 들이면 반복되는 경우가 있다. 배우자 외에도 친구 관계에서도 그렇다. 스스로 어떤 용납할 수 없는 선을 만들어두고 기분에 따라 인연을 싹둑싹둑 잘라버린다. 인연이란 물건으로 비유하면 만년 새 것이다. 나는 낡고 더러워서 버렸지만, 실상은 늘 새것이다. 그래서 내가 떠나도 그 사람은 더 좋은 사람을 만난다. 내가 인연을 쓸모없는 것이라 여겨 쓰레기통에 함부로 버려도 되돌아보면 누군가 가져가고 없다.

말이 좋아 토론이지, 대화가 모아지지 않고 입씨름만 하고 잔소리만 늘어지게 되면 자연스럽게 감정은 상한다. 좋은 토론은 참여한 모두가 상생할 수 있는 기회가 된다. 사이가 나빠지고 서로 반목하게 된다면 그것은 토론이 아니라 그저 내 편한대로 세뇌시키고 길들이는데 지나지 않는다. 그러니 상대방이 받아들이기 어려워하거나 싫어하는 부분이 있다면 가려서 말해야 할 것이다. 아무리 좋은 말이라도 받아들여지지 않는 말은 그저 남루한 휴지조각에 지나지 않는다.

배려가 생각보다 어렵다. 상대방을 존중하는 데 서툰 사람은 늘 이유도 모르고 혼자가 된다. 하지만 무시하는 것으로는 결코 내가 원하는 것을 얻을 수 없다.

누군가의 편을 들어준다는 것은, 그 사람이 옳아서가 아니라 그 사람과의 관계를 포기하고 싶지 않다는 강력한 의지에서 비롯된다. 어떤 문제가 닥치더라도 사람 사이의 관계를 단절시켜서는 안 된다.

부부 싸움을 했다면
먼저 말 걸어준 사람이 이긴 것
먼저 웃어준 사람이 이긴 것
먼저 사과한 사람이 이긴 것

훌훌 털어야 한다

살다 보면 절대 잊지 말아야 할 것이 있다. 하지만 시간 앞에 장사가 없다고 결국 세월에 따라 많은 것들이 잊혀지고 지워진다. 그것은 지극히 자연스러운 것이다.

하지만 역으로 다른 사람은 다 잊어가는데 혼자만 기억하고 있어서 괴로운 것도 있다. 오래도록 머릿속에서 벗어나지 않는 기억이란 좋았던 추억보다는 대개 상처받고 힘들었던 기억이다. 감사한 것은 그 순간에만 존재할 뿐 시간 지나면 가장 먼저 사라진다.

반면 속상하고 굴욕적인 순간은 오래도록 떠나지 않고 잔존한다. 털어내지 못하고 마음에 쌓아둘 수록 앞으로 살아가는데 좋지 않는 영향을 미친다.

진심으로 내 마음이 풀리지 않았는데, 그저 처지 때문에 받아들이고 쿨한 척 해야 하는 순간은 많다. 부부 사이의 문제도 그렇다. 싸우다가 손찌검을 당했는데, 시간 지나면 화해를 해야 하고, 아무렇지도 않은듯 일상으로 돌아가야 하지만 사실 볼에 찰싹 소리 나면서 얼얼하던 기억은 깊이 자리잡는다. 그러한 기억들은 마음 속 어딘가에 흡수가 되어서 훗날 그 사람과 헤어질 위기가 다가왔을 때, '아! 그때 내가 뺨도 맞고 그랬지!' 하면서 헤어질 결심을 공고히 한다.

배우자의 외도 현장을 목격하고도 결혼 생활을 이어가야 하는 입장이 되면, 말이 함께 사는 것이지 자신이 목격한 그 수치스러운 장면에서 벗어나기가 어렵다.

비록 상처받았다고 해도, 비록 내가 손해를 봤다고 해도 어차피 함께 살아야 한다면 마음속에 먼지는 빨리빨리 치우는 것이 좋다.

대단한 것인 양 가슴 속에 품고 있어도 결국에는 또 같은 문제로 대립하는 소지밖에 되지 않는다. 어떤 실수를 범하는 사람은 대개 그 원인이 자신과 가장 가까운 사람에게 있다고 말한다. 그래서 자신의 잘못에 대한 인정을 하려고 하지 않고 죄책감을 가지지 못하게 한다. 실수라는 것이 이토록 무섭다.

유독 뒤끝이 긴 사람이 있다. 자기 정화에 시간이 오래 걸리는 부류다. 대부분의 인간관계에서 그렇다. 자기 자신을 돌아보는데 서툴고 앞을 내다보는데 무심하기 때문이다. 그만큼 타인을 읽어내는 능력이 부족해진다.

그런 반면 불같이 싸우다가도 금방 꺼지는 부류도 있다. 배우자의 갑작스러운 기분 변화가 좋은 쪽이라면 굳이 문제 삼지 않아도 좋다. 아침에 분명히 대판 싸우고 나갔는데 별다른 화해 없이 저녁에 만났을 때는 매우 기분이 좋은 상태라면 "왜?" "왜 저러는 거지?" 묻지 않아도 된다.

아무리 싸우고 마음이 상했다고 해도 좀 떨어졌다가 다시 만났을 때는 미운 감정은 스르르 풀리는 것이 정상이다.

좋아하는 사람인데, 과거에 티격태격했던 것이 생각나 빈정 상하고 싫은 내색을 하고 뭔가 계속 따지게 되고 내 생각에 강요하게 되고 마음이 닫히고 결국은 관계 악화로 마무리된다.

오래 만났던 사람과는 갈등 후에 화해를 하고 예전처럼 지내는 것이 어려울 수가 있다. 그럴 때는 차라리 새로운 사람을 만나는 편이 훨씬 편하게 느껴지게 된다. 고칠 것이 없다는 것으로도 홀가분하게 여겨지기 때문이다. 하지만 매번 새로운 사람을 만나는 것으로 해결을 볼 수는 없을 것이다. 갈등이 있었다면, 툴툴 털어버리는 것이 좋다. 그것이 어떤 새로운 사람이 되는 길이다. 싸운 뒤에는 충분히 마음을 청소하는 일, 매우 중요하다.

화를 풀지 못하는 사람은
아무리 미안하다고 해도
오랜 세월 동안
자신은 한번도 제대로 된 사과를 받지 못했다고
하소연한다.
시간을 되돌리는 일은 불가능하지만
용서하는 것은 가능하다.
용서하고 나면
그동안 앓으며 지냈던 시간들이 가장 아까울 것이다.

용서해야 스스로 변한다

배우자에게 크게 실망하여 관계가 흔들렸지만, 다시 합쳐서 사는 경우가 참 많다. 그대로 남남이 되자니 많은 것을 잃고 불편함을 감수해야 하기 때문이다. 하지만 재결합이란 말그대로 헤어지지 않는 것일뿐, 상대방의 과오까지도 다 덮어주는 것은 아니다.

부부만이 아니라 넓은 대인관계에서도 상대방이 나에게 섭섭하게 했던 행동들, 나를 기만했던 행동들은 지워지지 않고 누적이 된다. 어쩔 수 없는 입장 때문에 참고 덮는 것이지 상대방을 용서하지 못하고 마음에 담아두는 건 분명 서로에 감옥과도 같은 일일 것이다.

왜 용서할 수 없는 것일까. 그것은 과거이기 때문이다. 과거는 어떤 힘으로도 바꿀 수가 없다. 다시 시간을 되돌려 애당초 그런 일이 벌어지지 말아야 했다. 그런데 이미 일은 벌어졌고 돌이킬 수 없고 그런데 함께 살아야 하고 또 얼굴을 대해야 한다. 사랑하기 위해서 함께 사는 것이 아니라 벌을 주기 위해서 함께 사는 것이다.

잘못을 한 사람이 잘못을 인정하는 것도 쉽지 않지만, 스스로 인정한 잘못을 용서로 결론지어주는 것도 쉽지 않다. 남편의 외도로 인해 의부증이 걸린 아내는 지금 당장 남편의 행적이 수상해서 의심하는 것이 아니라 지나간 과거를 제대로 용서하지 못한 채 현재를 살고 있기 때문이다.

아무리 남편이 안심을 시키려고 해도 아내는 좀처럼 마음의 평정을 찾지 못한다. 흘러간 것은 다시 오지 않겠지만, 때로 그것이 반복된다는 것은 그 특정한 일을 용서하지 못하기 때문에 가능하다.

누군가를 진정으로 사랑하는 것만큼이나 어려운 것이 용서다. 나는 사랑이라고 생각했는데 그 사람에는 괴로운 집착이고, 나는 사랑이라고 생각했는데 그 속살은 욕심이다. 그런 것은 참 많다. 잘못을 상대방이 했다고 해도 현실적인 여건 때문에 그를 용서한 자기 자신이 용서되지 않을 수도 있다.

나에게 비슷한 패턴으로 끊임없이 잘못을 하는 사람이 있다면 나에게 필요한 것은 용서가 아니라 소신이다. 헤프고 의미 없는 용서로 미화하지 않아도 좋다. 그만두고 정리할수록 스스로 여건을 만들어나가야 할 것이다.

사랑하기 때문에 떠날 수 없는 것이 아니라 떠날 수 없기 때문에 헤어질 수 없는 경우가 더 많다. 용서하지 못하는 것으로 인해 상대방이 고통을 받을 수는 있겠지만, 정작 가장 괴로운 것은 자기 자신이다.

사람들이 많은 곳에서 나의 뺨을 때리며 굴욕감과 망신을 줬던 사람, 피를 나눈 자신의 가족들과 의기투합하여 나를 질타했던 그 사람, 태연히 애인과 한 이불에 들었던 모습을 보여준 사람. 화재

현장에서 자기만 살겠다고 도망친 사람. 잊혀지지 않을 만큼강한 상처를 줬던 그 사람.

하지만 용서해야 한다. 사람이니까 그럴 수 있고, 옹졸했던 그 모습은 어쩌다 코파는 모습, 방귀 뀐 모습을 본 것처럼 허허허 웃어 넘길 수 있어야 한다. 그래야 과거로부터 지속된 반복에서 벗어날 수 있고 새롭게 인생을 쓸 수 있다.

당신이 용서하지 못하는 그 사람의 과오는 그 사람의 삶에서 가장 부끄러운 것이다. 그리고 가장 후회되는 것이다. 부끄러움이 있다면 거울 앞에서도 자기 얼굴을 제대로 보지 못한다. 그것이 사라지기 위해서는 가장 먼저 당신이 잊어줘야 한다.

휘둘리지 말 것

결혼생활을 하면서 문제가 없기 위해서는 부부 외의 다른 사람에게 휘둘리지 않는 것이 중요하다. 이외로 많은 사람들이 타인에 의해서 많이 휘둘리고 그로 인해 갈등이 많이 일어난다.

좋은 사람도 있겠지만, 며느리를 진정 딸처럼 생각하는 시어머니는 없다. 그러다보니 아들에게도 험담과 지적 위주로 며느리에 관해서 말할 수 있다. 그럴 때 어머니의 말에 현혹이 되어서 아내에게 모질게 대해서는 안 된다. 어머니가 지적한 문제로 아내에게 따지면서 결혼생활의 위기를 만들어서는 안 된다. 세상에서 가장 당신을 사랑하는 당신의 어머니도 당신에 대한 걱정을 달며 산다고 해도, 당신이 아내와 알콩달콩 잘 살면서 당신의 아내가 헤죽헤죽 즐겁게 살기를 원하지 않는다. 다만, 당신이 아내를 휘어잡고 살기 바랄 뿐이다.

또한 올케를 가족처럼 생각하는 시누이도 없다. 나에게는 소중한 동생이지만, 아내에게는 그렇지 않다. 그 역시도 당신의 행복한 깨가 쏟아지는 결혼 생활을 바라지 않는다. 그 반증은 뒤에서 하는 당신의 아내에 관한 뒷담화다. 정말 당신을 위한다면 당신이 사랑하는 아내에게 어떤 모욕을 주지 못한다.

당신이 결혼한 뒤에 어머니나 형제들은 당신의 아내를 잘 받아들이지 못할까. 그것은 결혼 전 당신이 가족으로부터 매우 소중하고 중요한 존재이기 때문이다. "그냥 내 아들로 계속 살아줬으면." "그냥 내 오빠로 살아줬으면." 이런 생각이 깔려 있기 때문이다. 만일 당신이 식구들에게 짐스러운 노총각으로 전전하다가 어느 날 결혼하게 되었다면 행여 이혼할 것을 두려워하여 당신의 아내를 환영하고 우대하여 줄 것이다.

남자들은 모르는 여자들의 세계라는 것이 있다. 남자 입장에서는 아내와, 부모, 형제가 모두 가족이라서 중립을 지킨다고 하지만 그것은 자신의 삶의 주도권을 포기하는 것과 같다.

무조건 아내의 편만 들라고 하지는 않겠다. 이럴수록 남자는 수수방관할 것이 아니라 스스로 가장 이익이 되는 선택을 해야 한다.

앞으로 같이 살아갈 사람은 누구인가?

매일 집에서 보는 사람과 싸우면 어떻게 되는가?

만일 이혼한다면 입장이 어떻게 되는가?

잘 생각해보라. 피를 나눈 당신의 가족들이 누구보다도 당신을 사랑한다고 하지만, 만일 당신이 이혼을 한다면 그들에게도 천덕꾸러기가 된다. 그러니 당신의 미래를 위협하는 요소들에게 함부로 휘둘리지 말아야 한다.

결혼해서도 친정의 대들보로, 자기 아이의 육아에는 뒷전이고 친정 식구들 건사하느라고 바쁜 아내들이 있다. '부모님, 어려운 형편에 나를 낳아주고 키워주고 그 은혜 어찌하리', '어린 내 동생들을 챙기는 게 당연하다'고 생각할 수 있다. 내 부모에게 소홀하고 내 동생을 챙겨주지 않는 남편이 섭섭할 수도 있다. 물론 그 효심, 바람직하고 훌륭하다. 하지만 자식과 남편에게 무심한 세월은 훗날 당신이 늙어서 대가를 치른다.

당신의 자식은 당신이 베푼 사랑을 몸 속 세포까지 기억하지만 당신의 동생은 그렇지 않다. 당신이 정장을 맞춰준들, 대학교 등록금을 내준들 그때 뿐이다. 당신이 훗날 아파서 병상에 들더라도 동생은 음료수 사와서 이런 저런 걱정도 해주고 좀 앉아 있다가 갈 뿐이지만, 자식은 간병을 한다.

누군가가 당신의, 배우자에 관해서 험담을 한다면 당신은 정색해도 좋다. 당신이 누군가와 친해지고 싶어서 대화의 주제로 배우자의 험담을 하게 된다면 당신은 살아있는 병신이다. 친구들이 배우자에 관해서 자랑하면 좋아하겠는가? 팔불출이라고 손사래칠 것이다. 그렇다 보니 자연스럽게 험담 위주로 가는데, 그게 바로 타인에게 휘둘리는 것이다. 누군가를 욕하면서까지 타인과 어울릴 필요는 없다. 하하호호 웃고 떠드는 그 순간에만 그 사람은 존재할 뿐, 당신의 삶에 어떤 의미도 존재하지 않는다.

세상에서 가장 소중하고 가까우며 나에게 가장 필요한 사람이 누구인가. 지금 내 곁에 없어지면 내 삶이 휘청거릴 정도로 중요한 사람이 누구인가. 그 어떤 사람들이 와서 내 눈을 가리고 귀를 현혹해도 절대로 흔들려서는 안 된다.

당신에게는 배우자가 필요하다.

아무것도 아닌 것이
모든 것을 좌우하는 이유

상대방이 나에게 호감을 품게 하려면, 우선 그 사람이 좋아하는 것과 원하는 것을 알고 최대한 들어주는 것이다. 그 사람이 좋아하는 것을 묵살하고 존중해주지 않는다면, 그 사람과 사이가 멀어지는 것은 감수해야만 한다.

때로 누구보다도 가까워야 할 사람들이 정말 아무것도 아닌 사소한 문제로 사이가 나빠지고 끝내는 결별하기도 한다. "무엇 때문에 헤어졌는데?"라고 물으면, 그 이유를 대는 것도 민망할 만큼, 아무것도 아닌 것 때문에 헤어지기도 한다.

"고작 그런 이유로 헤어졌다면, 정말 사랑했던 것이 아니네."

이런 반응이 나올 수도 있지만, 사랑과 관계없이 사람이 용납할 수 없는 것은 분명히 존재한다.

누군가와 친해지고 싶다면 그 사람에게 밥을 사는 것이 좋다. 자주 사주면 경제적 손실이 있겠지만, 밥을 사주면 친해지는데 확실히 수월하다. "이 사람이 나를 존중해주는 구나." 접대를 받으면 존중을 받았다는 생각이 들기 때문이다. 식사를 할 때는 상대방을 위해주는 것이 좋다. 어떤 음식이든 맛있는 게 있고 먼저 권하는 것이 좋다. 어린 아이처럼 맛있는 음식 남이 먼저 먹을 까봐 젓가락을 휘두르며 싸악 먹어치우는 것은 좋지 않다.

사람은 존중을 받을 때 행복감을 느낀다. 문을 지날 때도 냉큼 자기만 쏙 나가는 사람보다 문을 열어주고 상대방이 먼저 나가도록 해주는 사람에게서 푸근함을 느낀다. 둘이 함께 있는 데도 혼자 있을 때처럼 자기 편한 대로 행동하는 사람에게는 쉽게 질린다.

아무리 거짓말도 안하고 꿀릴 것 없이 착하게 살아왔다고 해도 상대방의 취향을 존중하지 않으면 성품을 인정받을 수 없다. 어떤 남편은 아내가 좋아하는 드라마를 함께 보기도 하지만, 어떤 남편은 일부러 드라마를 할 시간에 채널을 독점하고 혼자 다큐멘터리를 본다. 괜히 다투기 싫어서 그 순간은 넘어갈 지 몰라도 "내가 이러고 살아야 하나?" "저 남자가 너무 오래 살면 내가 죽을 지경이다." 이런 생각을 하게 된다. 어떤 아내는 남편이 싱겁게 먹는 것을 좋아한다는 것을 알면서도 일부러 소금을 넣는다.

사람은 취향이 같을 수 없기 때문에 마음에 들지 않은 부분이 있기 마련이고, 자기 혼자 편하기 위해서 상대방을 바꾸려고 든다. 마치 상대방이 나의 질서에 올곧이 따르는 것이 사랑의 정석이라도 되듯이 말이다.

"네가 드라마를 볼 때는 나는 안중에도 없고 드라마 보는 데만 열중해서 내가 불편하다. 그러니 그 습관을 고쳐주겠다."고 생각하고 그 사람을 바꾸려고 들면, "내가 이 사람하고 살아서 내가 보고 싶은 드라마도 못 보고 사니 너무 괴롭다."라는 결론밖에 안 난다. 고작 드라마 하나 때문에 대판 싸우고 헤어질 수도 있는 것이다.

부부뿐만이 아니라 타인과 잘 지내기 위해서는 그 사람이 좋아하는 것과 싫어하는 것을 파악하고, 그것을 내 기준에서 생각하는 것이 아니라 그 사람의 입장에서 생각하는 것이다. 아내가 망고 주스를 좋아한다면, 그 버릇을 고쳐주겠다며 일부러 자몽을 사지 말고 맛있는 망고 주스점을 찾아서 함께 즐길 수 있다면, 아내는 감격할 것이다.

사랑이란 내가 좋아하는 것을 존중받는 것이다. 내가 좋아하는 것을 거리낌없이 누릴 수 있어야 편안한 것이다. 그 사람이 싫어할 만한 행동을 일부러 하지 않는 것이다. 설사 실수라고 해도 상대방에 대한 배려가 바닥에 깔려 있다면, 그것은 용납이 될 것이다.

이제 내 꺼니까, 그런 생각으로 편한 대로 상대방을 다루려고 하면 안 된다. 그 사람이 싫어하는 것은 멀리하고 그 사람이 좋아하는 것은 가까이 해야 한다. 엄청 쉬운 것이지만 무슨 청개구리가 씌었는지 반대로 행동하고는 상대방에게 너그러운 이해를 바란다. 하고 싶어하는 것을 꺾고 싫어하는 것을 강요하는 심술, 그것은 매우 해로운 것이다. 아마도 그러한 개기는 심술은 저 세월의 건너편, 어느 어느 시절로부터 새겨진 습성이기도 하다.

화가 날 때는 입을 다물어야 한다.
만일 나를 분노하게 한 사람이
한편으로는 나에게 소중한 사람이라면
나도 모르는 사이
다른 사람을 통해서
그 사람을
벌주게 된다.

배우자와 싸웠다면
돌아서서 바로 후회하라

　　살다보면 부부끼리는 싸움을 하지 않을 수가 없다. 문제는 어떻게 푸느냐다. 싸움은 절대로 오래가면 안 된다.

　　한바탕 싸우고 나면 속이 부글부글하겠지만, 홱 얼굴을 돌리고 나면 곧바로 후회할 수 있어야 한다. 그러면 집을 뛰쳐나가고 싶은 생각도 없어지고 상대방 속을 뒤집어놓고 싶은 심보가 없어지고 2차로 또 싸울 의욕도 없어지고, 더 이상 사태가 확장될 가능성도 없어진다.

"한번만 더 날 건드리면 그땐 정말 이혼이다!"
"이번에는 그냥 넘어가지 않겠다!"

이런 생각은 절대 금물이다.

지금은 문득 그런 생각이 들 것이다. 나랑 결혼해서 그 사람은 그냥 내 덕만 보고 사는 것 같다. 그러니 좀 치워버리고 새로운 출발을 하면 새로운 인생이 열릴 것 같다. 당신이 어떤 나이이든 만일 이혼을 해서 혼자가 되어서 새 출발을 한다고 해도 현실적으로 장밋빛 미래는 없다. 이리 저리 흘러가서 재혼이라도 하면, 그래서 새 출발을 위해 아이 낳는다고 해도 대개 늦둥이라서 그 아이 대학 보낼 생각하면 칠십까지 일하고 싶은가? '사랑이 다시 올까?' 이런 걱정 따위 사치에 불과하다.

당신의 배우자, 지금은 싸워서 미워 죽겠지만 그런데 그 사람 없으면 당신도 바람 빠진 풍선이다.

그러니 어떤 문제로 싸우든지 간에, 돌아서면 바로 후회하라. 그 사람에게 상처를 줘서 가슴이 아프게 생각하라. 누군가를 사랑한다는 것은 그런 것이다.

"아, 그때 그러지 말걸. 좀 다정하게 대해줄 걸"

"좀 참을 걸."

"이따 기분 풀어줘야겠다."

이런 생각, 아주 옳다. 바람직하다.

배우자랑 싸워서 엄청 열 받은 김에 친구에게 전화를 했을 때,

"야, 너 내가 봐도 영 아니다. 너희들 그냥 헤어져라."

이런 말 하는 친구는 정리하라. 인생에 별 도움이 안 된다. 부부 간에 싸운 이야기 별별 이야기 다 들어주는 친구도 별로다. 즐기는 거다.

"대체 왜 그래? 헛소리 그만하고 집에나 얼른 들어가."

이렇게 말하는 친구는 가까이 하라.

잘 헤어질 수 없다면, 만나지도 말아야 한다지만 부부간의 이별은 사별이다. 잘 화해할 수 없다면 싸워서도 안 된다. 화해에 서툰 사람이 툭하면 싸움을 건다는 것은 어리석은 일이다.

싸우고 나서도 밥 때가 오면 쿨하게 같이 밥 먹고 안 싸운 것처럼

이런저런 말도 할 수 있어야 한다. 왜냐하면 원래 그 사람은 좋은 사람이니까. 내게 소중한 사람이니까. 나는 그 사람이 어떤 사람인지 누구보다도 잘 아니까.

"아깐 왜 화 내놓고 왜 나한테 말 걸어?"

이런 말은 하면 안 된다. 당신은 오래전에 초등학교를 졸업했다.

싸우고 나서 바로 후회하지 않으면, 후회하기까지 너무 많은 시간이 걸린다면, 당신만 소중한 것을 차근차근 잃어갈 것이다.

사람은 꼭 혼자인 시간을 가져야 할 필요가 있다.
함께 있을 때는 보이지 않던 것이
혼자가 되면 비로소 보이기 때문이다.

스르르 녹지 말 것

처음에는 누구나 경계심이라는 것이 있다. 그런데 주변에서 자꾸 달콤하게 권하거나 오랜 시간 세뇌시킬 경우 나도 모르게 판단력을 상실하여 흔들릴 때가 있다. 그래서 자신도 모르게 상대방에게 스르르 녹아내리고 만다.

타인을 내 뜻대로 움직이도록 설득하는 데는 상당한 내공이 필요하다. 일단 기간을 길게 잡아야 하고 대화에 막힘이 없어야 하고 나의 의도를 전달함에 있어 타이밍을 기다려야 한다. 탄탄한 인내심이 받쳐줘야 한다. 그래서 타인을 설득하려고 마음먹은 사람은 자기 생각을 주입시키는 데 능하고 기질 자체가 상당히 질기다고 봐야 한다.

친하지 않은 상태에서 거절은 매우 쉬운 것이지만, 많이 가까워지고 감정적으로도 애틋하고, 신뢰마저 쌓인 상태라면 거절이라는 것이 어려워진다. 사람과 사람 사이가 가까워질수록 위험한 이유도 여기에 있다. 타인에게서 원하는 것을 얻기 위해서는 바로 그 정도의 신뢰를 쌓을 때까지 주력하는 것이다. 그 사람이 내 말이라면 다 들어줄 거라고 예상되는 시점, 그것을 노리는 것이다.

나를 싫어하는 사람, 내가 싫어하는 사람이 나에게 해를 끼치기는 어렵다. 하지만 나를 좋아하는 사람, 내가 좋아하는 사람, 내가 믿는 사람에게는 나에게 해를 끼칠 수 있는 구멍이 많다.

신뢰를 바닥에 깔고 좋은 감정으로 대하는 사람 앞에서 냉철한 판단력을 유지하는 것은 매우 어렵다. 때로는 야박하게 느껴지기도 하고, 냉정한 결정 앞에서 서로간의 의가 상하기도 한다. 때로

관계가 무너질 것이 두려워서 주저하는 일도 상당히 많아진다.

아무리 배우자라지만, 그 사람을 좋아하고 아끼는 마음과는 별개로 상대방에게 스르르 녹아버려서는 안 된다. 스르르 녹는다는 것은 너와 내가 구분이 안 될 정도로 가까워졌음을 의미한다. "내가 당신이고, 당신이 나이지, 뭘!"하는 생각으로 사람이 스르르 녹기 시작하면 하면 안 되는 말도 쉽게 입 밖으로 꺼내고, 상대방의 거짓말에도 이내 속아 넘어간다. 상대방의 꾀에도 앞뒤를 가리지 못하게 된다. 한마디로 무장해제가 된다. 그렇다 보면 긴장이 풀어져서 허점을 많이 보이게 된다.

어쩌면 사랑과 믿음의 흐름을 끊는 불편한 생각일 수도 있다. 하지만 무조건 믿는다는 것을 위험한 것이다. 그것은 믿지 말라는 뜻이 아니다. 하지만 현재의 사랑과 믿음을 공고히 지키기 위해서는 가장 필요한 것은 냉정한 판단력이다.

편하게 생각하지 말 것

처음에는 친해졌다가 나중에는 사랑하는 사이가 되고, 권태기를 지나 시들해지면 단단하게 우정으로 굳는 것이 부부 사이로 생각될 때가 있다. 결혼했으니 네 부모가 내 부모고, 네 형제가 내 형제라는 생각도 쉽게 할 수 있다. 시어머니들도 기분에 따라 며느리를 딸처럼 생각한다고 하고, 며느리들도 시어머니를 친정 어머니처럼 생각한다고 한다. 부부 지간에도 네 것이 내 것이고, 내 것이 네 것이며, 너의 인생이 나의 인생이고 나의 인생이 너의 인생이라고 생각한다.

사람들은 서로 친해지면, 나와 너를 구분하는 데 불편함을 느낀다. 나와 너의 경계를 없애고 우리가 되면서 서로의 경계선을 희미하게 만든다. 부부뿐만 아니라 다른 대인관계에서도 그렇다. 때로 연인관계가 아니고 심지어 애정이 없으면서도 일회성 잠자리를 하는 것도 이런 경우다. 누군가와 절연한다는 것도 완전한 너와 나로 분리되는 것을 의미하기도한다.

단지 친해졌다는 이유만으로 나와 너의 경계선은 사라지는 것일까. 절대 그렇지 않다. 나는 나이고, 너는 너일 뿐이다. 부부지간에도 마찬가지다. 아내는 아내이고, 남편은 남편일 뿐이다. 하지만 우리라는 이름으로 함께 살아가다 보니 그 경계선이 왠지 냉정하고 불편하게 느껴져서 잊고 살아가는 것뿐이다. 만일 헤어지는 날이 오면, 무섭게 그 경계선은 존재감을 드러낼 것이다.

우리가 함께 좋은 사이로 지내는 동안, 내 것과 네 것을 구분하면

서로간의 의가 상한다. 만일 한 사람이 자기 자신만을 유달리 챙긴다면 그것 자체가 불편함과 불신을 줄 것이다.

하지만 '우리'라는 이름으로 서로 섞여 있으면서 많은 실수를 범하기 마련이다. 당신을 남이라고 생각하지 않아서 저지르는 실수가 참 많다는 뜻이다. 만일 남이라면 감히 할 수 없는 말이나 행동들이 분명히 있다.

사람은 혼자 살아갈 수 없다. 혼자 살아간다는 것은 너무 단조롭고 고독하다. 물론 사람에게 치여서 심적으로 괴로울 때는 혼자를 즐기는 것도 좋다. 어쨌든 누군가와 섞여야 하고 어울리며 살아가야 한다. 하지만 누굴 만나도 상처는 받게끔 되어 있다. 어찌 보면 인생이란 상처를 받지 않고 살아가면 외로운 것으로 생각되기도 한다.

가장 소중한 사람을 가장 만만한 사람으로 여기는 것은 큰 실수다. 가까이에서 나를 가장 이해해주고 편이 되어주는 사람에 관해서는 두 가지 리액션이 있다. 하나는 그 사람을 매우 중요하게 대우해주거나 아니면 함부로 대하는 것.

어떤 사람은 자신에게 소중한 사람을 살뜰히 챙기고 남에게는 무심하게 살아가고 또 어떤 사람은 소중한 사람에게는 함부로 대하고 남에게는 아주 잘해주기도 한다.

일상을 함께 하는 부부 지간이라도 서로를 편하게 생각해서는 안 된다. 배우자를 볼 때는 그만큼의 긴장이 필요하다. 편하게 대한다는 것은 상대방을 위해서가 아니라 내가 게으르기 때문이다. 그러한 게으름은 부끄러움을 점점 잊게 한다. 내가 편한 만큼 배우자는 환상이 깨지고 만정이 떨어질 수 있으니 조심해야 한다.

사랑하는 사람을 만나러 가는 길에 몇 번이고 거울을 보고 무슨 말을 할 것인지 수십 번 생각을 하고 그 대사를 멋지게 말하는 연습도 한다. 그 모습이 완벽하지 않더라도 노력하는 모습에서 상대방은 감동을 한다. 노력하는 그러한 모습이 과연 가식이었는가? 그렇지 않다.

가까이에 있다고 해서 나의 치부를 함부로 다 보여주거나 그저 편하게만 대해서는 안 된다. 늘 노력하는 모습을 보여야 한다. 다른 대인관계에서도 충분히 질렸기 때문에 툴툴 다 털어버리고 그저 진솔하게 행동하고 싶다는 생각이 상대방이 어떤 생각을 하는지 읽지 못하고 그저 옹색한 추태가 되지 않으려면 반드시 노력해야 한다.

배우자는 절대로 쉬운 사람이 아니다. 그리고 편안한 사람도 아니다. 편하게 생각한다는 것은 나의 있는 모습 그대로를 보여주는 것이 아니라 서로 의심할 것 없이 신뢰를 쌓아가는 것을 의미한다. 다른 사람이 끼어서 귀에 바람을 함부로 불어넣어도 쉽게 흔들리지 않는 것을 말한다.

함부로 속을 터놓지 말 것

호감을 느끼며 자주 만나던 지인이 속에 있는 이야기를, 특히 스스로의 걱정이나 나쁜 점 위주의 속마음을 이야기할 때면 그 사람과 나 사이의 거리가 무척 좁아진 것을 느끼게 된다.

누군가와 친해진다는 것은 다른 사람에게는 할 수 없는 속에 있는 이야기를 나누면서 시작된다고도 볼 수 있다. 혼자서 감추고 어려워하다가 마침내 의지할 수 있는 편한 사람을 만나 속을 훌훌 터놓고 가벼워질 수 있다면 상당한 심리적 안정감을 얻는다. 뭔가 답답한 일이 생기면 그것이 해결이 되지도 않았는데 그저 말로 뱉는 것만으로도 시원해지곤 한다.

이것이 효과가 상당히 크기 때문에 때로는 버릇이 된다. 그래서 상대방과 친해졌다고 판단이 되면, 그 사람의 기분이나 심정을 파악하는 데는 소홀하고 그저 자기 이야기하기 바쁘고 그저 상대는 온전히 내 편이 되어 내 이야기를 경청해주고 공감해주고 위로해주길 바란다.

그래서 한번 속을 터놓기 시작하면, 속을 터놓는 목적으로만 찾는 사람마저 생기게 된다. 솔직하나는 것을 핑계로 상처주는 말도 서슴지 않으면서 스스로 돌아볼 줄 모르게 된다. 그 사람이 밥은 먹었는지, 건강은 어떤지 물어볼 세도 없이 그저 자기 이야기만 줄줄 늘어놓다가 말이 끝나기도 한다. 그래서 믿고 말했던 나의 이야기들이 뜻하지 않게 소문이 되어 다른 사람의 입방아에도 오르게 된다.

부부 사이니까 비밀은 없어야지, 마치 비밀이 있으면 어떤 잘못이라도 되는 것처럼 생각하기 쉽다. 물론 두 사람이 모두 알고 있어야 하는 부분은 모두 알고 있어야 한다.

하지만 그 외의 것들, 배우자에게 위로와 공감을 기대하면서 자신의 속이야기를 터놓는 것에는 신중해야 한다. 또한 상대방이 웃으며 들어주고 있어도 그것이 불편한 것이라는 것도 알고 있어야 한다.

사람은 누구나 상대방이 나를 좋은 친구로서 대해줄 때, 나를 좋은 배우자로서 대해줄 때 안정감을 느낀다. 만일 상대방이 자신의 이야기를 꺼내놓는 데만 열중한다면, 때로 그 이야기에 거부감을 느끼고, 그 거부감의 크기만큼 나는 존중받지 못했다는 기분이 들게 한다.

타인이 내 생각을 해줄 때, 나를 배려해줄 때, 내 마음을 읽어줄 때, 나를 챙겨줄 때 사람은 호감과 안정감을 느낀다.

하지만 그렇다고 해서 자신의 속을 함부로 터놓는 것은 결코 신중하지 못한 행동이다. 뜻하지 않게 말이 돌아 소문이 날 수도 있다. 사람을 진실하게 대하는 것과 속마음을 터놓는 것은 언뜻 보기에는 비슷한 것 같아도 하늘과 땅 차이이다.

또한 속을 쉽게 터놓는 것이 때로는 이기적인 행동이 될 수 있기 때문이다. 그리고 자신의 속마음을 내보여서 누군가와 심리적으로 가까워지려는 것은 위험한 생각이다. 대개 상대방은 받아들이기 거북할 수도 경우가 많다.

나의 부정적인 면모를 보고 나를 좋아해줄 사람은 없다. 잠시 나에게 집중한다고 해도 그것은 그저 호기심일 뿐이다. 결국은 지금 아파도 미소를 지으며 괜찮다고 말할 수 있는 사람에게 힘이 실어진다. 자신의 기분, 생각에 너무 솔직한 사람은 그저 말 많은 사람에 지나지 않는다.

가장 가까운 사람이라도, 가장 사랑하는 사람이라도, 내 속을 함부로 털어 보여서는 안 된다.

본모습을 사수하라

사람에게는 누구나 본 모습이 있다. 사람마다 성격과 성향, 행동 패턴은 다르지만, 결국 다 비슷한 것도 스스로 감추어둔 본모습이 있기 때문이다.

설령 누군가를 대할 때 가면을 쓰고 대하면, 그것이 진실하지 못하다고 해서 비난받을 수도 있다. 친절하고 다정한 모습일 지라도 그것이 가면에 지나지 않는다면 적이 실망할 것이다. 보는 사람이 충족감을 느낄 만큼 온화한 사람은 그 온화함에서 모든 것이 끝나야 한다. 만일 그 이면에 요동 치는 감정과 온통 암흑 같은 욕망이 있다면 그것을 관리하는 데 주력해야 할 것이다.

사람이 늘 웃는 얼굴만 하고 좋은 말만 하고 배려심과 사려심이 넘치면 얼마나 좋을까. 하지만 누구나 욕심이 있고 게으르며 자기중심적으로 생각하고 행동한다. 분명 타인들의 관계에서 이것을 그대로 노출시키면 크게 문제가 될 것이다. 하지만 그것을 억지로 파괴시킬 수는 없다. 그것을 얼마나 관리하고 제어하느냐가 관건인 것이다.

부부간에도 그렇다. 스스로를 제어하고 관리하는 것은 쉽지 않다. 때로 그것을 가식이라고 여기며 너무나도 솔직한 모습을 드러내기도 하는데, 그러한 행동은 배우자에게 실망감을 주고 몹시 상처를 준다. 하지만 솔직한 것은 정정당당하기에 고치려는 노력을 하지 않게 되고 상대방으로부터 무조건적인 수용을 바라게 된다.

그래서 여지 없이 솔직한 독설을, 함께 있는 자리에서 시원한 방귀를, 속에서 올라오는 불평불만을 쏟기가 쉽다. 나와 너는 서로 다른 존재인데, 감정적 교류로 인해 긴장이 풀리고 나와 타인이 구분이 안 되는 그런 순간이다. 이럴 때 실수를 하기가 딱 좋다. 이러한 편안한 상대를 친한 상태로 오인을 해서 가장 친한 사람을 가장 멀리 보내는 실수를 하게 된다.

사람은 누구나 혼자 있을 때 코도 파고, 방귀도 끼고, 혼자서 중얼중얼 욕설도 하고, 게으르고, 오늘 만났던 사람에 관한 흉도 보고, 이런저런 추태도 벌이고, 꼬질꼬질한 상태에, 그저 몸에 편하기만 한 옷을 입고, 입에 담기 민망한 쌍욕도 하면서 딩굴댕굴 바닥에서 놀기도 한다. 이 본능에 충실한 편안함이란 최성의 솔직함이다. 그것이 나의 실체라고 해도 배우자가 그것을 다 받아들이고 포용해줄 것이라고 기대해서는 안 된다. 이건 어디까지나 혼자일 때 누릴 수 있는 것이다.

혼자에서 벗어나 누군가와 함께 할 때는 반드시 연출이 필요하다. 연출을 가식이라고 생각해서는 안 된다. 그저 노력일 뿐이다. 절제를 하고 노력을 하면서 그 사람에게 어떤 모습으로 내기 비칠 지, 내가 어떤 말을 해야 할지 한번 걸러진다. 이러한 준비과정은 나와 타인 사이에 놓여지는 벽과는 성격이 다르다. 벽은 사람과 사람 사이의 관계를 차단하지만, 이러한 준비는 사람과 사람 사이를 더 *끈끈하게* 이어준다.

사람을 대할 때 상대방이 내 앞에서 뭔가 눈치를 보고 말도 가려서 하고 긴장한 모습을 보여줄 때 "아, 이 사람이 지금 날 가식으로 대하는 구나!" 라고 생각하기 보다는 "아, 이 사람이 날 존중해주는 구나!" 생각하게 된다. 상대방이 원하는 말이란, 내가 머릿속에 생각나는 대로의 솔직한 말이 아니라 상대방이 듣기에 편하고 믿음을 주는 말이다.

조금만 친해져도 쉽게 자신의 본모습을 쉽게 들키는 사람이 있다. 그런 사람이 타인의 본모습을 다루는 데는 또 서툴다. 설령 의도치 않게 배우자의 본모습을 보게 되어서 경악하는 경우도 있다.

가장 나쁜 상태의 모습을 보고 그것이 진짜라고 생각하는 것은 섣부른 판단이다. 힘들 때 사람들의 반응은 대개 비슷하다. 사람의 진짜 모습이란 가장 감동받았을 때, 가장 행복해졌을 때 나온다. 행복할 때 사람의 반응은 각기 다르기 때문이다.

꼰대는 되지 말 것

가까운 사람들끼리 가장 상처를 많이 주는 것 같다. 특히 아끼는 마음, 존중하는 마음 없이 그냥 가까이에서 서로 자주 부대껴야 하면 더욱 그러하다.

역사적으로 유서가 깊은 고부 갈등은 꼰대의 대표적인 예라고 할 수 있다. "내가 시어머니니까, 난 이래도 돼. 넌 무조건 다 참아." 이런 식으로 평생을 소모적으로 보내기도 한다. 꼰대의 대표적 특징이 본인은 상대방을 존중할 생각을 조금도 하지 못하면서 상대방에게는 무한한 이해와 포용력을 요구하는 것이다. 집안의 어른만 꼰대 짓을 하는 것이 아니다. 새파랗게 어린 시누이나 시동생, 시숙도 그러하다.

꼰대 짓이라는 것이 기묘하게도 할수록 중독성이 생기는데, 당하는 사람의 괴로움도 오죽하려니와 정작 꼰대 짓을 하는 사람도 인생의 만족도 측면에서는 매우 불행하다는 데 주목할 필요가 있다. 반대로 사위 입장에서는 처가에서 만난 인연에게서 그렇게 느낄 수도 있을 것이다.

아무래도 나이가 들면서 꼰대가 될 확률이 높다. 아무래도 나이가 어린 사람을 보면 좀 만만하고, "네가 뭘 알아!" 하면서 버럭 훈계부터 하고 싶은 마음도 든다. 과연 그것이 그 사람에게 약이 될지, 독이 될지는 모르지만 일단 큰소리부터 치고 싶어진다.

상대방의 열정을 치기라고 몰아붙이며, 가까스로 쌓아온 소중한 경험들을 아무것도 아닌 것으로 묵살해버리기도 한다. 비록 컴퓨터, 얼리어답터 등을 다룰 때는 좀 약해지지만, 그래도 젊은 이라면 무조건 우위에 서고 본다.

부부간에도 연장자가 꼰대 짓을 하기가 쉽다. "어디 남편한테 감히!" "하늘같이 우러러봐도 모자랄 판에!"라고 생각하면서 스스로가 하는 오만 진상짓을 합리화시키는 일이 많다.

원래 꼰대의 눈에는 마음에 차는 게 없다. 스스로 거울을 봐도 장점을 못 찾을 정도다. 무엇이든 마음에 안 들고, 부족하고, 단점 밖에 안 보이고, 오만가지 불평불만만 가득하다. 상대방에 듣기 싫어하는 잔소리만, 한낱 영양가없는 잔소리만 늘어놓기 십상이다. 사실상 꼰대랑은 대화를 하는 것 자체가 불가능하다.

스스로 매우 잘났다고 생각하는 사람, 스스로 많이 갖췄다고 생각하는 사람, 스스로 아주 매력적이라고 생각하는 사람, 스스로 대단하다고 생각하는 사람, 스스로 우위에 있다고 생각하는 사람도 꼰대다. 특히 한때의 열정으로 스스로 원하는 결과에 강한 성취감을 느낀 사람이 더하다. 그래서 개천에서 난 용이 무섭다고 하지 않는가. 그런 꼰대는 상대방이 인정을 안하고 객관적 현실을 지적해 주면 불같이 화를 낸다.

나이가 들어도 사람은 꼰대가 되어서는 안 된다. 멋지게 늙는다는 것도 꼰대가 아닌, 젊게 나이드는 것이다. 꼰대가 된다는 것은 한쪽 눈의 시력을 잃고 한 쪽 귀의 청력을 잃는 것과 같다. 상대방의 말이 들리지 않고 상대방으로부터 사랑받는 것 자체가 불가능해진다.

어떤 사람도 타인을 먼저 존중하지 않고 행복에 이를 수가 없다. 어떤 사람이 누군가를 찍어서 끊임없이 괴롭힌다면, 그 사람이 아무리 힘들다고 호소해도 귀에 안 들어오는 것은 아무리 괴롭혀도 부족하기 때문에 그러하다. 엄청난 갈증을 느끼면서 자기만의 세계에 빠진다는 것은 지극히 불행한 일이다.

어떤 성취를 위해서는 엄청난 노력이 요구된다. 남의 일이라면 사소하게 느껴지는데, 그것이 내 일이라면 심각해진다. 누군가가 숫자보다도 문자가 더 많은 무지막지하게 어려운 수학 시험에서 만점을 받았다고 하자. 남의 일이라면 그럴 수도 있다고 생각하지만, 그게 내가 당장 이루어야 하는 일이라고 생각해 보라. 정신이 다 아득해진다. 그래서 밤낮으로 공부해서 난해한 수학 만점을 받았다면, 엄청난 성취감을 느낄 것이고 수학에 관한 꼰대가 될 가능성도 높아진다.

꼰대가 된다는 것은 그만큼 걸어온 과정이 험란했기 때문이다.

독한 시집살이를 경험한 며느리가 지독한 시어머니가 되고, 부모의 외도를 겪으며 성장한 사람이 바람둥이가 된다. 가령 아들을 몹시 사랑한 어머니가 며느리를 들여 며느리를 구박하는 것도 그간 살아오는 동안 아들을 양육하는 것이 마음 속 무의식까지 행복하지 못했기 때문에 가능한 것이다. 스스로 훌훌 털고 나는 비록 상처받았으나 다른 사람에게만큼은 이런 상처를 주지 않겠다는, 자기 정리가 부족한 사람들이다.

무언가를 경험하고 그것을 최종적으로 긍정적으로 받아들이지 못하면, 목표 달성의 쾌감은 잠시일 뿐 그저 모든 것이 고행이라고 생각이 된다면 최종 지점에서는 고독한 꼰대가 될 가능성이 농후하다.

누구나에게느 주어지는 인생은 고행길이다. 다른 사람은 다 쉽게 사는 것 같아도 그렇지 않다. 예의라는 게 얼마나 편하냐면 다른 사람들이 걷는 가시밭길을 모른 척 할 수 있어서 좋다.

사는 게 힘들어도 그럴 듯한 것에 의미를 부여하고 사는 꼰대는 되지 말자. 내가 이 사람의 남편이라서, 내가 이 사람의 아내라서 함부로 행동하지 말자. 나 정도니까 이 정도는 해도 된다는 생각은 버리자. 상대방을 짓누르면서 내가 이렇게 존중받아야 된다는 생각, 내가 이렇게 대접받아야 한다는 생각은 버리자. 내 모습은 어떤지 모르면서 상대방만 비평하지 말자.

매일 아침 해가 새로 뜨는 것은 다시 시작하기 위해서다. 머릿속에 남겨둔 지나온 길이 짐이 되지 않게 하자. 컴퓨터도 정기적으로 디스크 조각 모음을 하고 디스크 정리를 해야 빨라진다. 꼰대가 된다는 것, 필요없는 파일이 너무 많이 쌓여서 컴퓨터가 안 돌아가는 것과 비슷하다.

아무리 나이가 들어도 언제나 배우자에게 잘 보이고 싶은, 그 사람에게 내 모습이 어떻게 비칠 지 생각하는 그런 설레는 청년이 되자.

나의 효도를
배우자에게 미루지 말 것

오늘 할 일을 내일로 미루어서는 안 되듯, 내가 할 효도를 배우자에게 미루어서는 안 된다. 효도가 아니라도 나도 하기 싫은 일을 다른 사람이 잘 해줄 리는 만무하다. 특히 내 부모도 아닌데 배우자의 부모에게 진심으로 정성을 다하기도 어렵다.

"당신, 어떻게 그럴 수 있어?"

그럼에도 배우자가 나의 부모에게 소홀하면 너무 섭섭하다. 나의 부모님이 배우자를 먹여준 것도 길러준 것도 공부시켜준 것도 아닌데 배우자는 나의 부모님에게 최선을 다해주길 바란다.

"네 부모님이면 내 부모님이기도 하지."

그것은 흔하디 흔하면서도 낭만적인 말이다. 누군가를 사랑한다면 그 사람의 물건이 내 물건 같고 그 사람의 꿈이 내 꿈 같다. 하지만 그것은 삼시 콩깍지로 인한 환각일 뿐, 그 사람의 물건은 그 사람의 물건이고 그 사람의 일은 그 사람의 일일 뿐이다.

처가가 좋으면 처갓집 말뚝만 봐도 절을 한다는 유명한 말이 있다. 물론 처가 싫으면 처가 식구들이 특별히 잘못 안 해도 같이 싫어지기는 한다. 사랑의 호르몬은 만기 기한이 있고 처가 식구들에 대한 애정 또한 그 기한을 따른다. 부부 지간에 좋은 사이를 유지하는 것도 힘든데 하물며 그 이상을 바라면 서로에게 짐만 된다.

여자에게 시월드는 가혹하다. 하지만 남자는 여자가 시월드에 대해서 부정적으로 생각하는 것을 거의 용납하지 못한다. 아무리 아내라지만, 내 부모를 싫어한다는 것을 받아들이기가 어렵다. 본가에서 서러움을 당하지 않는 이상, 대부분의 남자들은 집에 가면 효자가 된다. 그것이 아내에게 얼마나 충격인지 헤아리지 못하고 시어머니가 며느리에게 가하는 일련의 기 빨리는 행동들에 관해서 모르쇠로 일관한다. 특히 재산 문제가 달려 있으면 갈등이 끝이 안 난다.

부양의 의무가 있는 이는 부부 사이에 난 자녀다. 부부에게는 자녀를 양육해야 할 의무가 있다. 때로 웃어른에 관해서 지나치게 생각하면 부부의 본질을 잊어버리고 부모를 부양하는 문제로 부부 사이가 나빠진다.

그러나 부모님은 얼마나 소중한가. 부모님이 없으면 일단 태어날 수 없다. 그리고 길러주지 않으면 내가 존재할 수 없다. 누구도 세상에 태어났다고 먼저 부탁한 적이 없지만 부모에 의해서 존재하게 되고, 부모에게 법적인 부양 의무가 있음에도 키워주심에 감사해야 한다. 세상 누구도 부모님만큼 내 편은 없다. 나를 이 세상에 있게 해준 부모님이니 나의 배우자도 나의 부모님에게 무한하게 감사해야 하고 복종해야 한다고 생각하기 쉽다.

하지만 현실은 다르다. 이 세상에 당신이 애초에 없었다면 당신의 배우자는 어찌 될까? 사랑도 운명이라는데, 당신의 배우자는 존재하지 않는 당신 때문에 평생 혼자 살까? 당신의 배우자는 다른 사람과 결혼했다!

사람은 본질적으로 세상에서 가장 사랑해주는 사람의 곁을 떠나 때로는 헤어질 수도 있는 사람과 둥지를 만들고 세상에서 가장 사랑해줄 사람을 만들어서 살아간다.

많은 부부들이 부부만의 문제가 아닌 주변 사람들로 인해서 고통 받는다. 소중한 아들인데 며느리를 미워하고, 소중한 오빠인데 올케를 가만히 내버려 두지 못하고, 잘 살기만 바라는 소중한 딸인데 사위를 차별하고, 절친한 형제인데 재수씨는 마음에 안 든다.

그럼에도 배우자에게 지나친 감정 노동을 요구하며 무조건적으로 잘해주길 바라는 것은 옳지 않다. 병실에 아픈 어머니를 두고 기나긴 간병을 며느리에게만 몰면서 "내 어머니에게 왜 잘해주지 못하느냐?"고 타박하면서 정작 자신들은 아무 일도 안하는 일은 참 많다.

효도는 셀프다. 스스로하면 아름다운 것이다. 알량하게 배우자에게 미뤄서는 안 된다. 배우자가 나의 부모님에게 잘해준다면 감사한 일이다.

당신은 나의 자랑

자랑만큼 하는 동안 시간 가는 줄 모르는 게 없고, 그만큼 듣기

싫은 것도 없다. 만일 친구가 티타임에서 자기 자랑이나 자기 남편

자랑, 자기 아이 자랑 등등을 한다면, 처음에는 웃으며 들어줄 수 있

어도 이야기가 길어지면 짜증이 나서 얼른 집에 가고 싶을 것이다.

다시 만나는 것에도 고민할 것이다. 오죽 하면 경로당에서도 손자

자랑을 하려거든 돈 오만 원을 내놓고 하라는 말이 있을까.

자랑을 하는 동안에는 분명 쾌감을 부르는 뇌신경전달물질 무언가가 나오는 게 틀림없다. 그러지 않고서야 어찌 저렇게 병적으로 할 수 있을 지 의문이다.

자랑이란 일상 생활에서 잃어버린 자존감을 되찾는 순간이기도 하다. 특히 자신보다 좀 못하다고 생각되는 사람에게 하기 마련이니, 누군가가 자랑을 줄줄 해댄다면, 그것은 나를 좀 업신여겼다고도 볼 수 있겠다.

직장에서 상사들이 부하 직원이나 을의 입장인 거래처 직원을 앉혀놓고 자기 자랑을 끝도 없이 하는 경우들이 더러 있다. 듣는 사람이 어떤 생각인지 가늠하지도 못하고 그저 자기 도취가 되어서 근거없는 나르시즘에 빠지는 경우가 있다. 맛있는 술과 고기를 앞에 두고도 회식이 싫은 절대적인 이유다.

대화란 상대방의 마음을 읽고, 그 사람이 듣기 좋은 말로 잘 풀어가되, 진짜 이야기의 테마는 나 자신이 이끌고 갈 수 있어야 한다. 그래야 상대방으로부터 공감을 이끌어내고 내가 원하는 대로 성공적인 대화로 이끌 수가 있다. 헌데 자기 자랑만 원색적으로 늘어놓는다는 것은, 상대방의 마음을 읽지 않겠다는 강력한 의지이며, 무조건 들어달라는 유치한 행동에 지나지 않는다. 스스로 추켜올리는 것으로도 부족하면 타인을 여지없이 깎아내려서 스스로 올라가려고 한다.

결혼한 이들끼리 모여서 배우자 자랑을 한다면, 그 내용에 따라 매우 불쾌할 수도 있다. 특히 유부녀들끼리 모였을 때 남편 자랑을 하는 경우다. "우리 남편은 내가 아플 때 몹시 걱정해주고, 병원부터 가자고 하고, 죽도 맛있게 끓여준다." 이런 류의 자랑은 자극적이지는 않지만 약간의 부러움은 산다. 하지만,

"우리 신랑의 연봉은 얼마이며, 부모로부터 물려받을 땅이 몇 평이며, 우리 시집 어른은 아이 낳은 기념으로 크루즈 여행을 보내줬다."

"산후 조리로 초특급 산후조리원에서 조리하며 돈 천만 원 썼다."

이런 내용의 자랑의 경우 듣는 즉시는 부러움을 사지만 얼마 지나지 않아 까인다. "우리 마누라는 음식 솜씨가 좋고 싹싹하다."는 자랑은 부러움은 사겠지만 별반 주목은 받지 못할 것이며, "우리 와

이프는 대기업에 다니는데 왠만한 남자보다도 수입이 높다."라고 자랑하면, 무척 관심을 받겠지만 동시에 수입에 관해서 비교를 당할 것이다.

누군가의 자랑은 때로 다른 사람에게 상처를 준다. "나는 이렇게 힘들게 사는데 저 사람은 뭐가 잘나서 저렇게 편하게 사는 거지? 나는 뭐지?" 이런 생각이 든다. 자랑을 하는 사람은 대개 부러운 반응을 기대하면서 허세를 부리고 거짓말을 좀 보태고 이런 저런 과장을 하기 마련이니, 겉으로 드러난 말을 곧이곧대로 받아들일 필요는 없다.

행복한 사람은 절대로 자랑하지 않는다. 인생에 충족감을 느끼고 자존감이 높은 사람은 자랑하지 않는다. 오히려 사람들 입에 오르내릴까봐 말문을 닫는다. 자랑을 한다는 것은 누군가 알아주길 바라기 때문이다. 자랑의 근원은 열등감이다. 허세를 부려서 만든 상상력이 마치 현실화된 것 같은 착각이 아주 생생하게 들기 때문이다.

건강한 대화는 모두를 행복하게 한다. 자랑을 잘하는 사람이 험담도 잘한다. 매사에 감정 이입을 잘하기 때문이기도 하다. 똑같은 것이라도 손바닥 뒤집듯이 쉬운 것이다. 가장 자랑스럽게 여기던 것이 지나고 보면 가장 빅엿일 때가 있다. 그러니 누군가의 자랑이 된다는 것도 사실은 위험한 것이다.

가족간의 내면 채우기

세상에는 보여지는 것이 있고 보이지 않는 것이 있다. 특히 보여지는 것은 매우 와닿는데, 말그대로 눈에 보이기 때문이다. 그래서 타인의 눈을 의식해서 보여지는 것에 치중한다. 소위 노력해서 얻는 명예도 일종의 보여지는 것이다.

출생과 동시에 열어지는 가족 관계는 혈연으로 운명이지만, 결혼으로 맞이하는 부부는 다르다. 그러다보니 여러 조건과 이해관계가 들어가는 것도 현실적이다.

타인들의 눈에 부러운 삶을 살고 있는 것처럼 비친다는 것을 멋진 일이다. 한번쯤 누구나 꿈꾸어본 일이다. 남들이 나를 무시하지 않고 존중하며 선망한다면 어쩌면 그것은 성공한 삶처럼 여겨지기도 한다. 그래서 소위 좋은 집, 좋은 차, 좋은 물건에 집착하기도 한다. 무리해서 또는 노력해서 얻은 눈에 보이는 좋은 것들은 나 자신으로 하여금 만족감과 안도감, 교만함을 부르기도 한다.

보여지는 것을 중요하게 생각하는 사람은 타인의 이목과 인정을 매우 중요시한다. 어쩌면 모든 판단력의 중심을 타인에게 던져두었기 때문에 정작 자기 자신에게는 생각의 중심이 없다. 자기 자신을 돌아보고 채울 수 있는 기회를 만들 수 없기 때문에 남들의 눈에 비치는 자신의 삶이 어떤지 관해서만 관심을 갖는다.

이력서를 쓸 때도, 사람을 소개할 때도 객관적인 근거를 들어야 하기 때문에 대부분 눈에 보여지는 것, 겉으로 드러난 것을 위주로 기술한다. 그 사람을 파악하기에는 많은 구멍과 함정이 있긴 하지만 어쩔 수 없다.

늘 인정 받고 스스로 보여지는 것에 집착을 하다 보면 가족 간에도 그러하다. 스스로 만족하고 행복감을 느끼는 것이 아닌 남들에게 자랑할 만한 것을 위주로 생활의 계획을 짠다. 타인으로부터 부러움을 사고 싶고 떵떵거리고 싶은 것이다. 그러면서 내면을 가꾸고 눈에 보이지 않는 것들을 튼튼하게 할 만한 노력을 지나치게 되는 것이다. 그러다 보니 늘 과시하고 우위에 있으려고 하는 생활 패턴을 가지게 된다.

이 세상에 눈에 보이는 것도 너무 많아서 인생에 다 채워 넣는다는 것을 불가능하다. 그렇게 바쁘다 보니 눈에 보이지 않는 것을 챙길 여력이 없다. 하지만 외적으로 드러난 요소로만 사람을 대한다면, 대화는 묘하게 겉돌고 오래지 않아 신물이 난다. 또한 외적인 요소에서 밀리는 인상을 받으면 허언도 거침없이 한다. 충분한 감정적 교류를 통해서 내면적으로 강해지는 관계를 만들어갈 때 서로에게 힘이 된다.

남들이 보기에 성공한 것처럼 보이도록 하는 것만 해도 상당히 힘이 든다. 사람이 일생을 살아가면서 그만한 성취를 이루기도 쉽지는 않다. 하지만 애써 쌓아놓은 소중한 경험들이 시간이 갈수록 빛을 발하기 위해서는 겉을 포장하는 데만 급급할 것이 아니라 속을 구멍 없이 채워나가야 한다.

쇼윈도 식으로 타인의 이목에 민감한 부모를 둔 자녀는 그 또한 비슷한 성향을 갖게 되고, 사람 자체로서 인정받기 보다 외적인 요소로 모든 것을 받아들이려고 한다. 내면을 키우지 못하는 사람은 자기 자신으로서 승부하려고 하지 못하고 겉모습이라는거대한 허울에 숨은 채 쉽게 교만해진다. 그러한 교만함은 인성으로서 가장 먼저 드러난다. 또한 그럴수록 인생의 풍파가 찾아오면 맞서지 못하고 힘없이 스러진다.

눈에 보이지 않는 것이라 챙기기 어렵다. 명예나 스펙은 뻔히 드러난 것이라서 어떻게 접근은 해보겠는데, 눈에 보이지 않는 것이라 뭐가 뭔지 모르겠다는 생각도 들 것이다.

보이는 것에 대한 애착을 조금 뒤로 하고 사람 자체로서 애정을 가질 수 있어야 한다. 겉으로 조건이 좋은 배우자를 만나 남들 보기에 으쓱한 삶을 살게 되었다면, 그 후광에만 기대어 생각할 것이 아니라 정말 그 사람을 아끼고 사랑할 수 있어야 한다. 어느 날 그 사람이 빨리 은퇴하게 되었다고 해도, 어떤 계기로 인해서 실패하게 되었다고 해도 그 사람은 여전히 내게 소중한 사람이어야 한다.

타인의 시선보다도 가족이 더 우선적이고 소중해야 한다. 그리고 그 사람이 어느 날 내 곁을 떠난다고 해도 내 삶은 한 치의 흔들림도 없이 끄떡도 없어야 한다. 이것이 바로 눈에 보이는 것과 눈에 보이지 않는 것을 모두 가진 경우다.

겉이라고 하는 것은 타인과 나를 구분 짓는 요소다. 그리고 내면이라고 하는 것은 오롯한 인생 그 자체다. 내면을 평가받는 일이 거의 없기 때문에 무심히 지나치는 예가 많다. 아무리 내면적으로 꽉차 있어도 겉으로 드러난 모습이 초라하면 무시하기 일쑤다.

겉모습에 치중할수록 속은 더욱 비어간다. 나를 판단하는 칼자루를 남에게 주었기 때문에, 나는 그 사람에게 인정받기 위해서 더욱더 의미 없는 과시를 한다. 타인의 겉모습만 보고 쉽게 부러워하고 무시하는 반응을 보이는 사람도 의미 없는 시간을 보내고 있는 셈이다. 그런 사람들은 사소한 말에도 잘 흔들린다. 반면 내면을 가꾸는 것은 모든 칼자루를 나 자신에게 주는 것이다.

남한테 자랑하지 않아도 좋다.

남들이 어떻게 생각할지 먼저 생각할 필요가 없다.

남들이 부러워해주길 바랄 필요가 없다.

내 겉모습이 아무리 화려하다고 한들, 다른 사람들은 나를 오래 기억하지 않는다.

그러니까 내 마음이 지금 어떤지 그것부터 생각할 필요가 있다.

사람의 가치

솔직히 결혼하면서 조건을 보지 않고 결혼했다면 그건 아마도 거짓말일 것이다. 매력이라는 것 자체가 조건이다. 외모도 보고, 성격도 보고, 배경도 보고, 직업도 보고 다 맞춰보고 오래도록 생각하고 고민하고 결론은 무난해서 결혼한 것이다. 다만 정도의 차이가 있을 뿐이다.

극단적으로 외적 조건만 맞춰서 결혼하는 경우가 결혼 이후에도 조건의 틀 안에서 상대를 대하는 경우가 있다. 아무리 조건만 맞춰서 결혼했다고 할지라도 남녀 사이에 호르몬 작용이 아예 없지는 않았을 것이다.

어떻게 결혼했던지 간에 결혼을 하면 그런 것들은 다 잊고 살아야 한다. 그 사람의 외모나 성격, 배경, 기타 등등 다 잊고 살아야 한다. 그렇지 않으면 그것들이 발목을 잡는다. 그래서 외모 때문에 갈등이 생기고, 성격 때문에 헤어지는 일도 생기고, 배경 때문에 본심을 숨기고 살아가게 된다.

조건으로 시작한 결혼이지만, 조건의 굴레에서 그것이 전부가 되어서는 안 된다. 조건에 휘둘리지 않고 가정을 지키기 위해서는 앞선 조건은 다 잊어야 한다.

장기간 연애를 하고 결혼했다고 해서 다 잘 사는 것도 아니고, 아무 조건을 안 보고 불타는 사랑을 해서 결혼했다고 다 잘 사는 것도 아니다. 만난지 석달만에 초고속 결혼을 했지만 평생을 해로하기도 한다. 옛날에는 부모가 점지해준 이성을 단 한 번의 미팅만 하고 나서 평생 반려자로 살지도 않았던가.

결혼했다면, 이제부터는 눈에 넣을 것은 사람이다. 조건은 다 지우고 사람을 찾아야 한다. 물론 마음에 안 들고 용납이 안 되는 부분도 있을 것이다. 겉으로 이기적인 사람, 착한 사람 따로 나누어져 있는 것 같아도 사람의 심리란 모든 감정을 포괄하고 있기 마련이다.

다른 것을 모두 지워버리고 사람 하나만 보는 일, 얼마나 간편하고 쉬운가. 좀 차가운 그 사람도 가까이 자세히 보면 방귀도 뀌고 트름도 하고 잘 때 이도 간다. 그런 것이 정나미 떨어지는 것으로 받아들여서는 안 되고, 인간적이고 귀엽고 사랑스러워야 한다.

어쩌면 사랑이란 나를 많이 지우고 남은 것들로도 충분히 누리며 이룰 수 있는 것인지도 모른다.

이 세상 가장
'좋은 사람'이 되어줄 것

이 세상에는 수많은 사람들이 있다. 그리고 그들과 함께 살아간다. 공간적으로 가까이 있는 사람들과 주로 얽이게 되는데, 때로 그 중에는 상처를 주고 못되게 구는 쓰레기들도 있고, 따뜻하게 대해주는 좋은 사람들도 있다.

누군가에게 여러 번 데였다고 해서 '사람은 다 그런가' 회의에 빠지기 쉽다. 인생의 초반부터 부모의 덕이 없을 경우 마음고생이 심하고, 이후에 학교에서 만난 인연이나 직장에서 만난 사람들이 눈 감으면 코 베어가려고 들면서 오직 자기 이익만 쫓고, 최소한의 신뢰마저 저버리면 대인관계에 대한 큰 실망을 하게 된다. 더 이상 맞을 뒤통수도 없다는 생각마저 들면, 이 세상에 좋은 사람도 많다고는 하지만, 나와는 상관없는 것 같고 점점 혼자 있는 것에 편안함을 느낀다.

누군가와 결혼을 해서 그 사람에게 '좋은 사람'이 되어준다는 것은 큰 축복이다. 결혼했다는 이유로 자기 편한 것만 쫓고 이익만 계산해서는 절대로 행복해질 수 없다. 누구나 더 잘 살기 위해서 결혼했지만 그 뜻을 이루는 것은 아니다. 자기가 조금 편하자고 배우자를 힘들게 하고 고생시키기도 하지만, 배우자가 불행해지고 나는 행복해지는 확률은 현저히 낮다.

이 세상에는 좋은 사람들도 많지만 소위 쓰레기들도 참 많다. 처음 보는 것들, 낯선 것들인데도 눈에 거슬리면 여지없이 욕설부터 날리고, 험담을 입에 달고 살고, 열심히 하는 사람의 기를 어떻게는 죽이려고 들고, 어떻게든 깎아내리려고 애쓰고, 타인이 가진 좋은 것을 어떻게 하면 빼앗을 수 있을지, 타인의 자존감을 밟아주고 싶어서 고민하는 사람들은 참 많다. 그렇다고 해서 스스로 돋보이는 것도 아닌데, 이건 영원한 숙제인 것 같다.

그 사람들도 그러한 심리를 갖게 된 어떤 배경, 스트레스 요인이 있겠지만 그것을 애써 다 이해하고 안아주려고 하지 않아도 된다.

하지만 좋은 사람들도 많다. 그런 사람이 도대체 어디에 있느냐고 반문하고 싶겠지만, 그건 지금 쓰레기를 붙들고 안 놓고 있어서 못 만나는 것이다. 그래서 사람들은 속이 뒤틀어진 불행한 사람을 기피하는 경향도 있다.

무엇이든 오래된 것이 좋긴 하다. 만난 지 얼마 안 된 사람보다도 오랜 시간 만난 사람과의 인연이 더 특별한 것 같다. 인연이란 정말 너무 쉽게 끊어지는 것이기도 해서 그것을 유지한 것만으로도 대단하다. 하지만 그 시간이 서로에게 도움이 되었는지 마음으로 다가갈 수 있는지에 관해서는 미지수다.

세상의 '좋은 사람'이 많다고 해도 나에게 멀리 있으면 의미가 없다. 가장 가까이 있는 사람이 '좋은 사람'이 되어준다면 이야기는 달라진다.

누군가의 배우자가 된다는 것은 그 사람에게 '좋은 사람'이 되어주는 것을 의미한다. 힘들 때 누구보다도 편이 되어주고, 부족한 부분이 있으면 채워주고, 누군가 험담을 하면 싸워주고, 열심히 할 때 든든한 응원을 해주고, 그 사람이 자기 자신을 소중히 여길 수 있도록 자존감을 올려주는 것이다.

나는 이토록 먼저 배우자에게 '좋은 사람'이 되고자 노력하는데 배우자는 안 그럴 수도 있다. 매번 마음에 안 드는 것을 지적하고, 자기밖에 모르며, 하는 말마다 비수 꽂는 불평불만에 배려심이 없을 수도 있다. 상대방이 그렇다고 해서 '좋은 사람'을 포기해서는 안 된다.

원래 상대방이 한 대 때리면 맞고 있지 말고 한 대 똑같이 때려주라고 한다. 맞기만 하다 보면, 계속 맞게 되기 때문이다. 하지만 그렇게 치고 박고 하면서 서로 원수가 되는 것이다.

처음에는 일단 노력하는 것이다. 그러면서 당근과 채찍으로 다루는 것이다. 스스로 깨달을 때까지 말을 하지 말고 부드러운 시선으로 기다려주는 것도 결혼생활의 일부다.

사람은 누구나 자신을 위해주고 사랑해주는 사람을 알아본다. 작은 시선과 태도에서도 자길 좋아하는지 싫어하는지 잘 알아차린다. 그리고 자신을 진심으로 위해준 사람에게는 언제나 나약해지기 마련이다. 절대로 안 져주는 그 사람을 내 편으로 만드는 방법은 바로 내가 이 세상에서 존재한다는 소위 희소성을 가진 '좋은 사람'이 되어주는 것이다.

당신, 그거 알아?
당신은
내가 찾은
가장 소중한 보물이라는 걸.

내가 할 사랑을
다른 사람에게 미루지 말 것

참 희한하게도 다른 사람을 칭찬하는 것은 어렵고 험담하는 것은 쉽다. 진심을 다해 대하는 것은 어렵고 이익을 쫓아 잔머리를 쓰는 것은 쉽다. 자기 자신은 조금도 손해를 보지 않으려고 살뜰히 챙기면서 타인에 관해서는 깊이 생각해주기 어렵다. 노는 것은 쉽지만 공부하는 것은 어렵다. 버리는 것은 쉽지만 얻는 것은 어렵다.

사람들은 관계망을 이루고 살아가면 그 자체로 힘이 되어서 때로 자기 혼자서 할 일도 스스로 하지 못하고 다른 가족이 챙겨줄 거라고 생각하게 된다. 다른 가족이 챙겨주면 확실히 편하기 때문에 그것이 습관이 되는데, 늘 나서서 챙겨야 하는 사람의 입장에서는 굉장히 피곤하다.

그래서 사랑은 어렵다. 그래서 귀찮고 힘든 것을 내가 보기에 만만한 사람, 내 마음에 들지 않는 사람에게 미루곤 한다. 내가 하기 싫으니까 다른 사람에게 미루고 나는 좀 편해보자는 얄량한 생각이다. 마치 그 사람은 그런 의무라도 짊어진 것처럼 나의 기대에 불응하면 몹시 불편한 기색을 하기도 한다.

하지만 내 배우자, 내 아이, 내 가족은 내가 직접 나서서 챙기지 않으면 아무도 안 챙겨준다. 심지어 나 자신도 그러하다. 내가 나를 안 챙기면 사실상 아무도 안 챙겨준다. 다른 사람이 알아서 좀 챙겨주겠지, 눈을 감아버리면 엄청난 뒷담화의 주인공이 될 것이다.

내가 힘들고 내가 귀찮고 내가 바쁘다고 해서 내가 스스로 챙길 것을 다른 사람이 해줄 거라고 생각한다면 대개 비용이 들어간다고 해도 성의가 없고 효과도 없다. 그럼에도 돈을 받고 일하는 사람 입장에서는 그 돈이 그저 푼돈에 지나지 않을 것이다.

주변의 이러저러한 이해관계가 있어 누군가의 계략에 인해서 내 주관을 혼탁해지고 이런 저런 말로 내 생각의 토대를 현혹시키는 것이 너무 많다. 때로는 중심을 잃고 타인의 말에 솔깃해지는 것은 매우 빈번하다. 혼자만의 아집인가 싶어서 생각의 양은 늘어가지만 최선의 선택에서 멀어지기도 한다. 물론 다른 사람의 말만 쫓지 말고 스스로 생각하면서 살아가야 한다. 때로는 황소고집으로 자신만의 아집에 빠질 수도 있지만, 대개 그 속뜻은 타인의 의도를 파악하고 나만의 생각으로 스스로를 업데이트하라는 뜻이다.

사랑이란 언제나 직접 해야 한다. 모든 것을 직접 스스로 할 수 없다는 생각은 알량한 편이와 타인의 집요한 돈벌이에서 시작된다. 많은 이들이 사람들이 귀찮아 하는 일을 타깃으로 돈을 벌고 있다. 때로 내 몸이 지치고 스트레스를 받아서 화를 내는 나 자신을 발견하면 그때는 그만 내 손에서 놓아버리고 편한 것만 찾게 된다.

그게 바로 다른 사람에게 시키는 것이 된다. 하지만 타인에게 시키면 그가 나보다 잘해줄 거라고 생각해서는 안 된다. 하긴 하겠지만 잘해줄 확률이 거의 없다. 만일 나보다 더 내 아이에게 잘해주는 사람을 만나게 된다고 해도, 나보다 내 배우자에게 더 잘해주는 사람을 만나면 그 시점부터 나는 빼앗기게 되어 있다. 어떻게 흘러가든 나에게는 불리하게 작용할 것이다.

아이를 돌보는 것이 힘들어서 배우자끼리 서로 도리를 미뤄서는 안 된다. 다른 사람이 대신해 줄 것이라고 의지해서도 안 된다. 부모에게 효도하는 게 힘들어서 배우자나 다른 가족에게 미루고는 그저 뒤에서 이런 저런 평가만 해서는 안 된다. 스스로 하지 못하고 늘 미루고 기대하는 사람은 늘 입속에 불만을 품고 살게 되어 있다.

사람을 움직이는 것은 진심이다. 사랑이란 늘 힘들지만 자꾸 미루고 피하려고만 한다면 늘 서툴고 귀찮고 성가신 것에 지나지 않는다. 하지만 자꾸 할수록 사랑도 는다. 아무리 소중한 살림살이도 챙기지 않으면 어느 순간 시야에서 벗어나고 다시 찾으려고 하면 그 자리에 없다.

여보, 나와 살아줘서 고마워

초판 1쇄 발행 | 2016년 2월 15일
초판 2쇄 발행 | 2016년 10월 4일

지은이 | 김지연
펴낸이 | 공상숙
펴낸곳 | 마음세상

캘리그라피 · 일러스트 | 김지연

주 소 | 경기도 파주시 한빛로 70 507-204

신고번호 | 제406-2011-000024호
신고일자 | 2011년 3월 7일

ISBN | 979-11-5636-060-5 (03590)

문의 및 원고 투고 | maumsesang@naver.com
                    maumed@naver.com
홈페이지 | http://maumsesang.blog.me
까페 | http://cafe.naver.com/msesang

값 13,200원
이 도서의 국립중앙도서관 출판예정도서목록(CIP)은 서지정보유통지원시스템
홈페이지(http://seoji.nl.go.kr)와 국가자료공동목록시스템(http://www.nl.go.kr/
kolisnet)에서 이용하실 수 있습니다. (CIP제어번호 : CIP2016000117)